A. C. JATAPARA
K. A. THAKKAR
K. M. PARMAR

Uma análise do impacto da modernização dos camponeses na agricultura

A. C. JATAPARA
K. A. THAKKAR
K. M. PARMAR

Uma análise do impacto da modernização dos camponeses na agricultura

No âmbito do projeto de desenvolvimento tribal integrado do distrito de Sabarkantha

ScienciaScripts

Imprint

Cover image: www.ingimage.com

This book is a translation from the original published under ISBN 978-620-7-45897-4.

Publisher:
Sciencia Scripts
is a trademark of
Dodo Books Indian Ocean Ltd. and OmniScriptum S.R.L publishing group

120 High Road, East Finchley, London, N2 9ED, United Kingdom
Str. Armeneasca 28/1, office 1, Chisinau MD-2012, Republic of Moldova, Europe
Printed at: see last page
ISBN: 978-620-8-30398-3

Conteúdo

RESUMO

Todos os países que modernizaram a sua agricultura e alcançaram uma maior produção só o fizeram através da introdução da ciência e da tecnologia no sistema agrícola. Durante os últimos 65 anos, ocorreram várias mudanças em Gujarat e na Índia através da implementação de vários programas de desenvolvimento. Apesar disso, ainda não conseguimos modernizar os camponeses rurais e a sua economia até ao nível desejado. Em Gujarat, há certos distritos onde o progresso na modernização do campesinato é muito baixo em geral e nos distritos tribais em particular. O Projeto Integrado de Desenvolvimento Tribal (ITDP) foi implementado em 1976 em todo o estado em bolsas tribais para o bem-estar dos camponeses tribais, embora a maioria dos camponeses nesta área ainda não tenha conseguido atingir o nível esperado de mudança sócio-técnica-económica e modernização agrícola. Para avaliar esta situação, foi realizado o presente estudo sobre "Uma análise do impacto da modernização do campesinato na agricultura no âmbito do Projeto Integrado de Desenvolvimento Tribal do distrito de Sabarkantha", com os seguintes objectivos específicos

1. Estudar o perfil dos agricultores tribais.
2. Estudar a atitude dos agricultores tribais em relação ao Projeto Integrado de Desenvolvimento Tribal.
3. Medir o nível de modernização agrícola dos agricultores tribais.
4. Medir o impacto do Projeto Integrado de Desenvolvimento Tribal em termos de mudanças sócio-técnicas e económicas entre os agricultores tribais.
5. Descobrir a relação entre as variáveis independentes selecionadas e a modernização agrícola dos agricultores tribais.
6. Descobrir a relação entre as variáveis independentes selecionadas e as mudanças socio-técnicas e económicas entre os agricultores tribais.
7. Conhecer os condicionalismos enfrentados pelos agricultores tribais para obterem benefícios no âmbito do projeto de desenvolvimento tribal integrado.
8. Procurar obter sugestões dos inquiridos tribais para ultrapassar os constrangimentos que enfrentam na obtenção de benefícios no âmbito do Projeto de Desenvolvimento Tribal Integrado.

Metodologia

Para o estudo, foi aplicado um modelo de investigação ex-post-facto. O distrito de Sabarkantha, sob a jurisdição da Universidade Agrícola de Sardarkrushinagar Dantiwada, onde o investigador reside e estuda, foi selecionado propositadamente para o estudo. Sabarkantha

O distrito compreende oito talukas, das quais três talukas tinham mais de 70% de população tribal, sendo que duas talukas, Khedbramha e Vijaynagar, foram selecionadas propositadamente com base no facto de terem uma população tribal mais elevada do que as outras talukas. Em cada um dos talukas selecionados, foram escolhidas aleatoriamente dez aldeias. Assim, foram selecionadas para o estudo um total de vinte aldeias. De cada aldeia selecionada, foram selecionados aleatoriamente dez inquiridos. Assim, foi selecionada para o estudo uma amostra aleatória de 200 agricultores tribais.

As variáveis dependentes utilizadas neste estudo foram: modernização agrícola e nível de mudança sócio-técnica-económica. As variáveis independentes escolhidas para efeitos do estudo foram: idade, educação, dimensão da propriedade fundiária, rendimento anual, hábito de migração, participação social, fontes de informação, nível de aspiração, motivação económica, orientação para o risco, orientação científica e atitude dos agricultores em relação ao Projeto de Desenvolvimento Tribal Integrado.

Para medir o nível de modernização agrícola dos agricultores tribais, o estudo foi dividido em duas partes: a primeira parte consiste na construção da escala para medir a modernização agrícola dos agricultores tribais e a segunda parte trata da execução da escala entre os agricultores tribais. As outras variáveis dependentes e independentes foram medidas utilizando escalas adequadas desenvolvidas pelos investigadores anteriores. Para a recolha de dados, foi utilizado um inquérito no terreno através do método de contacto pessoal. Os dados recolhidos foram codificados, classificados, tabulados e analisados com recurso a instrumentos estatísticos adequados, tais como a frequência, a percentagem, a média, o desvio-padrão, a correlação, a regressão múltipla, a regressão por etapas, o coeficiente de regressão parcial padrão e a análise de trajetória.

PRINCIPAIS CONCLUSÕES

1. A escala de modernização agrícola desenvolvida e padronizada foi considerada padronizada e um objetivo válido e fiável.
2. Os principais indicadores das escalas considerados relevantes pelo painel de juízes foram: (i) capacidade de inovação (ii) cosmopolitismo (iii) grau de utilização dos meios de comunicação social (iv) padrão de cultivo (v) seleção de sementes (vi) adoção de um sistema de micro-irrigação (vii) comercialização da produção agrícola e dos produtos lácteos (viii) maquinaria e alfaias modernas disponíveis (ix) adoção de uma gestão integrada dos nutrientes (x) utilização de fertilizantes orgânicos (xi) instalações de armazenamento (xii) grau de adoção de medidas fitossanitárias e (xiii) adoção de melhores práticas leiteiras.
1. A maioria (66,00 %) dos inquiridos pertencia ao grupo de meia-idade, pouco mais de metade (58,00 %) dos inquiridos possuía um nível de ensino primário a secundário, quase três quartos (80,00 %) dos inquiridos possuíam uma propriedade de terra marginal a pequena, a maioria (64,00 %) dos inquiridos tinha um baixo nível de rendimento anual, a migração foi observada entre 41,00 % da família dos inquiridos, cerca de metade (56,00 %) dos inquiridos eram membros de uma organização, seguidos de 23.00 por cento eram membros de mais do que uma organização, quase metade (52,00 %) dos inquiridos tinha um nível médio de fontes de informação, quase dois terços (68,00 %) dos inquiridos tinham um nível médio de aspiração, cerca de dois terços (64,00 %) dos inquiridos tinham um nível médio de motivação económica, a maioria dos inquiridos tinha um nível médio de orientação para o risco (62,00 %) e uma orientação científica média (61,00 %), a maioria (66,00 %) dos inquiridos tem atitudes favoráveis em relação ao Projeto de Desenvolvimento Integrado das Tribos.
3. A maioria (51,00 %) dos inquiridos tinha um nível médio de modernização agrícola, seguido de 29,00 % com um nível baixo e 20,00 % com um nível elevado de modernização agrícola.
4. Pouco mais de metade dos agricultores tribais tinha um nível médio de inovação (54,00 %), um nível médio de cosmopolitismo (58,00 %), uma utilização média (52,00 %) dos meios de comunicação social e uma facilidade de armazenamento média (52,00 %), exatamente três quintos (60,00 %) dos agricultores tribais tinham um nível baixo de padrão de cultivo e de adoção de um sistema de micro-irrigação, quase dois terços (68,00 %) dos agricultores tribais tinham um nível baixo de seleção de sementes, o máximo (56.00 %) dos agricultores tribais tinham um nível médio de utilização de meios de transporte para o escoamento da produção agrícola, a maioria (65,00 %) dos agricultores tribais tinha um nível médio de utilização de máquinas e alfaias modernas, exatamente três quintos dos agricultores tribais (60,00 %) tinham um nível médio de adoção da gestão integrada dos nutrientes, quase três quartos (72,00 %) dos agricultores tribais utilizavam em média fertilizantes orgânicos, a maioria (64,00 %) dos agricultores tribais tinha um nível médio de adoção de medidas fitossanitárias e de práticas melhoradas de produção leiteira.
5. A maioria (52,00 %) dos inquiridos tinha um nível médio de mudança sociotécnica, seguido de 30,00 % com um nível baixo de mudança sociotécnica e 18,00 % com um nível elevado de mudança sociotécnica.
6. A maioria (64,00 %) dos inquiridos tinha um baixo nível de mudança em maquinaria agrícola baseada em tecnologia moderna, bem como em implementos, a grande maioria dos inquiridos

tinha um nível médio de mudança em artigos domésticos (77,00 %), um nível médio de mudança na poupança (74,50 %), um nível médio de hábito alimentar e autossuficiência (70,00 %), mais de três quartos (64.00 %) dos inquiridos tiveram um nível médio de mudança no padrão de vestuário, cerca de três quintos dos inquiridos tiveram um nível médio de mudança no padrão de habitação (74,00 %) e um nível médio de mudança no estatuto social (72,00 %), cerca de dois terços (66,00 %) dos inquiridos tiveram um nível médio de mudança na relação social, a maioria (58,00 %) dos inquiridos teve um nível médio de mudança na tecnologia melhorada.

7. Seis variáveis, nomeadamente a educação, o rendimento anual, a motivação económica, a orientação para o risco, a orientação científica e a atitude dos agricultores em relação ao ITDP, foram consideradas positiva e significativamente relacionadas com a modernização agrícola dos agricultores tribais e com o seu nível de mudança socio-técnica. Por outro lado, duas variáveis, nomeadamente a idade e a participação social, foram correlacionadas de forma significativa mas negativa com a modernização agrícola dos agricultores tribais e com o seu nível de mudanças socio-técnicas. As restantes variáveis, nomeadamente a dimensão da propriedade fundiária, o hábito de migração, as fontes de informação e o nível de aspiração, não mostraram qualquer correlação significativa com a modernização agrícola dos agricultores tribais e o seu nível de mudança sociotécnica.

8. A análise de regressão múltipla revelou que 67,40 por cento da variação total da modernização agrícola entre os agricultores tribais era explicada por um conjunto de 12 variáveis independentes. Das 12 variáveis, sete variáveis, *nomeadamente* idade, educação, participação social, fontes de informação, motivação económica, orientação para o risco e orientação científica, contribuíram significativamente para a modernização agrícola dos agricultores tribais.

9. Na análise de regressão por etapas, 66,51% da variação foi explicada pelo conjunto de variáveis, *nomeadamente* idade, motivação económica, orientação científica, participação social, educação, fontes de informação e orientação para o risco, em conjunto, na modernização agrícola dos agricultores tribais.

10. A motivação económica teve um efeito direto positivo máximo e a participação social teve um efeito direto negativo máximo na modernização agrícola dos agricultores tribais. A atitude dos agricultores em relação ao Projeto de Desenvolvimento Tribal Integrado teve o efeito indireto total positivo máximo e a idade teve o efeito indireto negativo máximo na modernização agrícola dos agricultores tribais. No que diz respeito ao efeito indireto substancial na modernização agrícola dos agricultores tribais, a atitude dos agricultores em relação ao Projeto Integrado de Desenvolvimento Tribal exerceu o efeito positivo mais elevado através da idade.

11. A análise de regressão múltipla revelou que 58,26% da variação total da mudança sociotécnica dos agricultores tribais era explicada por um conjunto de 12 variáveis independentes. Das 12 variáveis, seis, a saber, educação, rendimento anual, propriedade fundiária, participação social, orientação para o risco e orientação científica, contribuíram significativamente para a mudança socio-tecnológica dos agricultores tribais.

12. Na análise de regressão por etapas, 57,30% da variação foi explicada por um conjunto de variáveis, *nomeadamente* educação, propriedade fundiária, rendimento anual, participação social, orientação para o risco e orientação científica, em conjunto, na mudança socio-técnica-económica dos agricultores tribais.

13. O rendimento anual apresentou o efeito direto positivo mais elevado, enquanto a exploração fundiária exerceu o efeito direto negativo mais elevado na mudança sociotécnica. A exploração fundiária exerceu o efeito indireto total positivo mais elevado e o rendimento anual exerceu o efeito indireto total negativo mais elevado na mudança sociotécnica. No caso do efeito indireto substancial na mudança sociotécnica, a exploração fundiária exerceu o efeito positivo mais elevado através do rendimento anual.

14. A maioria dos camponeses enfrentou o constrangimento da falta de facilidades de comercialização, seguida de facilidades de crédito inadequadas, falta de orientação técnica, procedimentos de empréstimo complicados e custo elevado dos factores de produção.

15. As principais sugestões aprovadas por mais de metade dos inquiridos foram: mais subsídios para os factores de produção, fornecimento de irrigação por elevador e poços numa base individual e comunitária, fornecimento de financiamento suficiente para empréstimos às colheitas e facilidades de mercado ao nível da aldeia.

LEGENDAS:

A. **Inovação**
B. **Polidez Cosmo**
C. **Grau de utilização dos meios de comunicação social**
D. **Padrão de cultivo**
E. **Seleção de sementes**
F. **Adoção do sistema de micro irrigação**
G. **Comercialização de produtos agrícolas e lácteos**
H. **Máquinas e alfaias modernas disponíveis**
I. **Adoção da gestão integrada de nutrientes**
J. **Utilização de fertilizantes orgânicos**
K. **Armazém**
L. **Adoção de medidas fitossanitárias**
M. **Adoção de práticas leiteiras melhoradas**

CAPÍTULO I

I. INTRODUÇÃO

Todos os países que modernizaram a sua agricultura e alcançaram uma maior produção só o fizeram através da introdução da ciência e da tecnologia no sistema agrícola. Nos últimos anos, os camponeses indianos mostraram sinais encorajadores de mudança do sistema tradicional para o moderno, através da conversão da tecnologia agrícola em realização da produção.

O camponês indiano registou progressos significativos após a independência. A produção anual de géneros alimentícios quadruplicou, passando de 51 milhões de toneladas no início dos anos cinquenta para 206 milhões de toneladas no final do século. O aumento espetacular da produção agrícola esteve estreitamente associado a uma maior utilização de sementes de alto rendimento, de produtos químicos e fertilizantes, de irrigação e de meios de mecanização, juntamente com incentivos à produção e acesso ao crédito e ao mercado (Alem, 1999).

O processo de modernização da agricultura produziu três tipos distintos de agricultura. São elas a industrializada, a Revolução Verde e a agricultura complexa e diversificada. Os dois primeiros tipos foram capazes de responder aos pacotes tecnológicos, produzindo sistemas de agricultura de alto rendimento.

A modernização foi bem sucedida nos dois primeiros aspetos, levando a um grande aumento da produtividade. O terceiro foi largamente esquecido. O terceiro tipo de agricultura inclui todos os restantes sistemas agrícolas e de subsistência. Estes representam uma agricultura largamente esquecida. Trata-se de sistemas com poucos factores de produção externos e situados em terras secas, zonas húmidas, terras altas, montanhas, colinas e florestas. O sistema agrícola nestas zonas é complexo e diversificado, os rendimentos agrícolas são baixos e os meios de subsistência rurais dependem frequentemente dos recursos selvagens e dos produtos agrícolas. Estão afastadas do mercado e das infra-estruturas. Representam um solo problemático frágil, menos suscetível de ser visitado por extensionistas ou estudado em instituições de investigação (Pretty, 1995).

A modernização do campesinato está relacionada com a aplicação da ciência e da tecnologia na agricultura. Por conseguinte, é necessário aumentar a produção agrícola, uma vez que os benefícios económicos e sociais dependem diretamente da medida em que os agricultores utilizam a tecnologia melhorada. O rápido crescimento da agricultura é essencial não só para alcançar a autossuficiência a nível nacional, mas também para a segurança dos agregados familiares e para criar equidade na distribuição do rendimento e da riqueza, o que resultará numa rápida redução do nível de pobreza.

Reconhece-se que, se se pretende alcançar o progresso entre os camponeses, estes têm de ser modernizados em termos de conhecimentos, competências, atitudes e adoção da ciência e da tecnologia.

Arnon (1989) opinou que a modernização da agricultura não é um problema puramente tecnológico ou económico. O seu êxito depende frequentemente de uma compreensão da sociedade em que se insere, do conhecimento dos factores sociais e culturais que condicionam a capacidade de resposta dos agricultores às mudanças tecnológicas e da capacidade de obter a cooperação voluntária das pessoas envolvidas. Os factores sociais e culturais são caraterísticas da sociedade a que o camponês pertence e dominam o comportamento humano.

Apesar dos progressos consideráveis, estes não atingem ainda o nível de satisfação desejado, porque variam de uma região para outra. Em certas regiões, os progressos registados na agricultura excedem as expectativas. Ao mesmo tempo, há outras regiões que revelam um atraso na agricultura. O atraso é particularmente observado nas zonas tribais do país, que são um grupo heterogéneo, sobretudo no que diz respeito à sua pobreza e à falta de recursos materiais para trabalhar.

O isolamento da região rural subdesenvolvida das influências externas, os numerosos constrangimentos que impedem a modernização - económicos, sociais, políticos e institucionais - tendem a perpetuar a situação existente, apesar dos enormes avanços na tecnologia agrícola que foram feitos no decurso do século XX.

As tribos ocupam um lugar importante na Índia. Cerca de oito por cento da população do país pertence à comunidade tribal. Por conseguinte, o desenvolvimento da agricultura tribal é igualmente importante.

As tribos encontram-se entre os sectores mais fracos da sociedade. São socialmente atrasados, economicamente pobres e psicologicamente tradicionais. Têm uma vida miserável e simples. As tribos vivem em zonas florestais montanhosas e dedicam-se ao cultivo de plantas e à recolha de produtos florestais. A economia tribal depende, em geral, da agricultura. A agricultura não é apenas a sua fonte de rendimento, mas também um modo de vida.

Devido à sua má situação económica, dispõem de recursos escassos e não estão em condições de investir muito na agricultura. A agricultura tribal situa-se, por conseguinte, ao nível da subsistência. Os agricultores tribais necessitam de apoio económico e técnico do exterior. Diz-se que as tentativas anteriores de introduzir reformas socioeconómicas na sua vida tiveram até agora pouco êxito devido à sua forte adesão ao velho sistema tradicional. Muitas organizações governamentais, cooperativas e agências de voluntariado estão a trabalhar na área tribal, mas com impactos pouco perceptíveis. As abordagens isoladas e individualistas ainda não conduziram ao seu rápido progresso. No entanto, as tribos estão a ser colocadas na via do desenvolvimento e do progresso. O desenvolvimento agrícola é o principal objetivo de todos os esforços de desenvolvimento.

Tendo em conta a necessidade de desenvolver a agricultura tribal, o Governo da Índia, no âmbito do subplano tribal, implementou vários regimes agrícolas para melhorar a agricultura tribal e elevar a condição socioeconómica das tribos. Em suma, a abordagem do subplano é uma estratégia destinada a abranger um maior número de populações tribais com um prazo e uma orientação específica, sendo as regiões tribais identificadas como zonas de concentração e de dispersão de grupos tribais com base em critérios definidos.

Existem 193 projectos integrados de desenvolvimento de zonas tribais com 303,41 lakhs de população de tribos tradicionais. Em Gujarat, a população tribal constitui 14,92% da população total. A população tribal ocupa em grande parte as zonas fronteiriças e montanhosas de Gujarat, desde Banaskantha, a norte, até Dangs, a sul. Cerca de 72% da população tribal está concentrada em onze distritos, nomeadamente: Dahod, Panchmahals, Banaskantha, Sabarkantha, Vadodara, Bharuch, Narmada, Surat, Valsad, Navsari e Dangs. Em Gujarat, há 4,10 lakhs de proprietários tribais que exploram 9,31 lakh hectares de terra. Estes cultivadores tribais constituem cerca de 10,40 por cento do número total de proprietários e 9,46 por cento do total de terras cultivadas no Estado.

Verificou-se uma transição da agricultura tradicional para a agricultura comercial moderna, devido à disponibilidade de factores de produção como variedades, fertilizantes, pesticidas e infra-estruturas, incluindo fornecimentos e serviços, instalações de mercado, meios de comunicação social, alfabetização, investigação, ensino e extensão.

A modernização do campesinato envolve a aceitação da racionalidade científica contra a fé tradicional e a adoção de novas inovações. Por outras palavras, no processo de modernização, um indivíduo reconhece o positivismo em termos de conhecimento, atitude, adoção e psicologia de um modo de vida tradicional para um estilo de vida tecnologicamente mais complexo e avançado.

I.1 DECLARAÇÃO DO PROBLEMA

No distrito de Sabarkantha, a população tribal é considerável. Os camponeses tribais e a economia tribal dependem predominantemente da agricultura. A agricultura não é apenas a sua fonte de rendimento, mas também um modo de vida. Vivem no cimo das colinas e utilizam as zonas planas disponíveis, entre as colinas, para o cultivo das culturas. A agricultura é maioritariamente de subsistência e caracteriza-se pela produção de cereais alimentares suficientes para satisfazer as suas necessidades, geralmente ao nível da vida.

De facto, Gujarat, enquanto Estado da Índia independente, herdou do sistema colonial britânico um complexo problema de campesinato. Foram adoptadas várias medidas administrativas através de um grande número de programas de desenvolvimento e bem-estar dos camponeses. Desde a independência, os governos central e estatal, através de diferentes agências, desviaram fundos avultados com o objetivo de melhorar o nível de vida dos camponeses e de os integrar na corrente principal do país.

O Projeto Integrado de Desenvolvimento Tribal (ITDP), Sabarkantha, começou a funcionar em 1976 com o objetivo de reduzir o fosso entre o nível de vida das tribos e de outras comunidades do Estado, aumentando o seu rendimento agrícola e melhorando assim a qualidade de vida dos agricultores tribais.

Mesmo passados quase 60 anos, o progresso ainda não atingiu o nível de satisfação. O verdadeiro desenvolvimento da Índia reside no desenvolvimento dos camponeses. As vantagens da democracia devem chegar a todos os sectores da sociedade. Estão em curso numerosos projectos de desenvolvimento, mas as tribos do Estado não conseguiram atingir o nível de modernização esperado.

Seria necessário rever as actividades e os programas de desenvolvimento empreendidos pelo Governo para melhorar a condição socioeconómica dos camponeses e das populações tribais através do aumento da produção agrícola.

O desenvolvimento das zonas tribais é igualmente importante para melhorar a economia do Estado. O atraso dos camponeses deve-se a muitos factores. Os camponeses tribais podem enfrentar uma série de dificuldades para avançar.

Quase não existem investigações pormenorizadas sobre a análise do impacto da modernização do campesinato na agricultura. Foram realizados muito poucos estudos sistemáticos para conhecer a influência das caraterísticas pessoais, socioeconómicas, comunicacionais e psicológicas dos camponeses tribais na modernização da agricultura, a sua atitude em relação ao Projeto Integrado de Desenvolvimento Tribal e as mudanças sociotécnicas e económicas ocorridas em resultado da implementação do Projeto Integrado de Desenvolvimento Tribal.

Por conseguinte, o investigador sentiu a necessidade de examinar o nível de modernização agrícola entre as tribos e as suas caraterísticas sociais, económicas e psicológicas que influenciam a modernização. Por conseguinte, foi planeado o presente estudo sobre "Uma análise do impacto da modernização do campesinato na agricultura no âmbito do Projeto de Desenvolvimento Tribal Integrado do distrito de Sabarkantha".

1.2 OBJECTIVOS DO ESTUDO

O objetivo geral desta investigação é realizar uma "Análise do impacto da modernização do campesinato na agricultura no âmbito do projeto de desenvolvimento tribal integrado do distrito de Sabarkantha". Os objectivos específicos são os seguintes

1. Estudar o perfil dos agricultores tribais.
2. Estudar a atitude dos agricultores tribais em relação ao Projeto Integrado de Desenvolvimento Tribal.
3. Medir o nível de modernização agrícola dos agricultores tribais.
4. Medir o impacto do Projeto Integrado de Desenvolvimento Tribal em termos de mudanças sócio-técnicas e económicas entre os agricultores tribais.
5. Descobrir a relação entre as variáveis independentes selecionadas e a modernização agrícola dos agricultores tribais.

6. Descobrir a relação entre as variáveis independentes selecionadas e as mudanças sócio-técnicas e económicas entre os agricultores tribais.
7. Conhecer os condicionalismos enfrentados pelos agricultores tribais para obterem benefícios no âmbito do projeto de desenvolvimento tribal integrado.
8. Procurar obter sugestões dos inquiridos tribais para ultrapassar os constrangimentos que enfrentam na obtenção de benefícios no âmbito do Projeto de Desenvolvimento Tribal Integrado.

I.3 ÂMBITO DO ESTUDO

Apesar dos esforços efectuados durante os últimos 45 anos através da abordagem do Subplano Tribal, a situação global das tribos não mudou muito. A disparidade no nível de desenvolvimento entre os tribais e os não tribais não diminuiu nem a qualidade de vida dos tribais melhorou. Esta é uma situação alarmante para que os interessados reflictam sobre as políticas existentes e renovem os programas para melhorar o nível de vida atual dos camponeses tribais.

Existe uma grande possibilidade de modernização do campesinato através da adoção de tecnologias modernas. Vários investigadores revelaram que, com a adoção de tecnologias modernas, é possível converter até os camponeses mais atrasados em unidades economicamente viáveis.

A modernização é um conceito multifacetado e multidimensional. Vê o indivíduo na sua totalidade e valoriza toda a sua personalidade. A importância da modernização agrícola depende da sua utilidade prática.

O presente estudo será de grande utilidade para o pessoal da extensão, planeadores, administradores e investigadores. O conhecimento dos factores que influenciam o nível de modernização dos camponeses será muito útil para os extensionistas reestruturarem e reformularem a abordagem da extensão na direção certa. As conclusões deste estudo serão mais úteis para as agências governamentais e não-governamentais que trabalham na área tribal para reforçar os seus programas de desenvolvimento para os benefícios e a modernização dos camponeses tribais de acordo com as expectativas.

I.4 LIMITAÇÕES DO ESTUDO

O presente estudo foi realizado com as seguintes limitações:

1. Devido aos recursos limitados de que o investigador dispunha, a dimensão da amostra foi limitada a apenas 200 beneficiários.
2. As conclusões baseiam-se nas opiniões/respostas expressas pelos inquiridos.

CAPÍTULO II

II. REVISÃO DA LITERATURA

Uma revisão alargada da literatura é uma parte importante de qualquer investigação científica. A revisão da literatura leva o investigador a concluir as suas conclusões com referência a estudos anteriores. A literatura analisada é apresentada nas seguintes rubricas:

II.1 Perfil dos agricultores.

II.2 Atitude dos agricultores em relação aos programas de desenvolvimento.

II.3 Nível de modernização agrícola dos agricultores.

II.4 Nível de mudanças sócio-técnicas e económicas entre os agricultores.

II.5 Relação entre as variáveis independentes selecionadas e a modernização agrícola dos agricultores.

II.6 Relação entre as variáveis independentes selecionadas e as mudanças sócio-técnicas e económicas dos agricultores.

II.7 Constrangimentos enfrentados pelos agricultores na obtenção de benefícios ao abrigo de vários programas de desenvolvimento.

II.8 Sugestões para superar os problemas enfrentados pelos agricultores para obterem benefícios no âmbito de vários programas de desenvolvimento.

II.9 **PERFIL DOS AGRICULTORES**

2.1.1 Caraterísticas pessoais

2.1.1.1 Idade

Pattanaik (2009), no seu estudo sobre o MNREGA no distrito de Hoshiarpur, no Punjab, referiu que 40% e 25,26% dos jovens pertenciam ao grupo etário dos 30 a 40 anos e dos menos de 30 anos, respetivamente.

Gulkari (2011) referiu que pouco mais de três quartos (76,68%) dos inquiridos pertenciam ao grupo de meia-idade, seguido do grupo de idade avançada (21,66%) e do grupo de idade jovem (1,66%).

Kyatanagoudar (2011), no seu estudo sobre o MNREGA, mostrou que mais de metade dos beneficiários pertenciam ao grupo de meia-idade (54,80 %), seguidos dos jovens (33,70 %) e dos idosos (11,50 %).

Pandya (2011) revelou que quase metade (47,92%) dos agricultores beneficiários pertenciam ao grupo etário mais velho, seguido do grupo etário médio (34,17%) e do grupo etário jovem (17,91%).

Prajapati (2012) referiu que 64,54% dos agricultores tribais pertenciam a um grupo etário jovem. Por outro lado, 15,45% pertenciam ao grupo etário médio. Os restantes 20,01% dos agricultores encontravam-se no grupo etário mais velho.

Bhandarai *et al.* (2013) revelaram que 65,00 por cento dos beneficiários do MNREGA pertenciam ao grupo de meia-idade, seguidos de 19,17 por cento no grupo dos jovens e 15,83 por cento no grupo dos idosos.

Melkunde (2013) revelou que a maioria dos produtores de algodão (56,67%) se encontrava na faixa etária média, seguida por 26,67% na faixa etária jovem e os restantes 16,66% dos produtores de algodão na faixa etária avançada.

Mummulla (2015) indicou que metade (50,00 %) dos beneficiários do MGNREGA pertenciam ao grupo de meia-idade, seguido do grupo de idade avançada (39,16 %) e do grupo de idade jovem (10,83 %).

Parmar (2018) indicou que mais de dois terços (67,00 %) dos beneficiários pertenciam ao grupo de meia-idade, seguidos dos jovens e dos idosos com 23,50 e 9,50 por cento, respetivamente.

2.1.1.2 Educação

Prajapati (2008) revelou que pouco mais de metade (52,00%) dos inquiridos tinham habilitações literárias até ao nível primário e que 12,00% dos inquiridos tinham habilitações literárias até ao nível secundário.

Dhandhukia (2009) referiu que 54,17% dos inquiridos tinham instrução até ao nível primário. Por outro lado, 23,33% dos inquiridos tinham instrução até ao ensino secundário e 9,17% eram analfabetos. Muito pouco, ou seja, 5,83 e 7,50 por cento dos inquiridos tinham instrução até ao nível secundário superior e ao nível universitário, respetivamente.

Gulkari (2011) revelou que um pouco mais de um terço (36,66%) dos beneficiários da Missão Nacional de Horticultura possuía o ensino secundário, seguido de 31,66% e 29,18%, respetivamente, com o ensino secundário superior e o nível de licenciatura. Apenas 2,50% dos beneficiários eram analfabetos e nenhum beneficiário possuía o ensino primário.

Pandya (2011) revelou que 71,67% dos agricultores beneficiários da krushi mahotsava tinham habilitações académicas entre o ensino primário e o superior.

Sarkar *et al.*, (2011) referiram que mais de um terço (36,00 %) dos inquiridos tinha até ao ensino primário, seguido de 26,00 % que tinham até ao ensino secundário. Além disso, 24,00 por cento eram analfabetos, enquanto 11,00 por cento tinham até ao ensino secundário superior. Apenas 2,00 por cento tinham mais do que o nível secundário superior de educação.

Champaneri (2012) referiu que a maioria (43,33%) dos agricultores biológicos tinha formação até ao nível secundário, seguida de 32,50% com o ensino primário e 16,67% com o ensino secundário superior. Apenas 07,50 por cento eram analfabetos.

Dodiya (2015) revelou que quase metade (45,00 %) dos produtores de algodão Bt. tinha obtido o ensino médio, seguido pelo ensino médio (26,66 %) e graduação/pós-graduação (10,00 %). Enquanto 7,50% dos entrevistados tinham nível primário de educação e 6,67% deles eram funcionalmente alfabetizados. Apenas 4,17% dos inquiridos eram analfabetos.

Parmar (2018) revelou que um pouco mais de dois quintos (43,00 %) dos beneficiários eram analfabetos, seguidos de 29,50 %, 18,00 %, 07,00 % e 02,50 % que possuíam, respetivamente, o ensino primário, o ensino médio (secundário), o ensino funcional e o ensino superior. Nenhum dos beneficiários possuía um nível de ensino superior ou de pós-graduação.

2.1.2 Caraterísticas socioeconómicas

2.1.2.1 Dimensão da exploração fundiária

Prajapati (2006) referiu que a maioria (52,22%) dos beneficiários eram pequenos agricultores e 36,67% dos não beneficiários eram agricultores marginais. Por outro lado, 26,67% dos beneficiários e 27,78% dos não beneficiários eram agricultores marginais e pequenos agricultores, respetivamente. A percentagem de agricultores médios dos grupos de beneficiários e não beneficiários era de 18,89% e 22,22%, respetivamente.

Prajapati (2008) afirmou que 44,00 por cento dos inquiridos eram pequenos agricultores, com terras de 1,01 a 2,00 ha, seguidos de 28,00 por cento de agricultores marginais com terras até 1,00 ha.

Jat (2010) referiu que a maioria (93,75 %) dos agricultores tribais possuía uma exploração de terras de dimensão pequena a marginal, ao passo que na zona de estudo havia escassez de médios e grandes agricultores.

Champaneri (2012) referiu que 45,00 por cento e 26,66 por cento dos agricultores biológicos eram marginais e pequenos agricultores, respetivamente.

Dodiya (2015) referiu que pouco mais de metade (54,17%) dos produtores de algodão Bt. possuíam pequenas propriedades, seguidos de 30,83% e 11,67% com propriedades médias e grandes, respetivamente. Apenas 3,33% dos inquiridos se encontravam na categoria de dimensão marginal da exploração fundiária.

Mummulla (2015) constatou que metade dos inquiridos possuía pequenas propriedades fundiárias, enquanto 33,33% dos inquiridos possuíam propriedades fundiárias médias e 16,66% dos inquiridos possuíam grandes propriedades fundiárias.

Parmar (2018) indicou que um pouco mais de três quintos (62,00 %) dos beneficiários não tinham terra, enquanto 33,50 % e 04,50 % possuíam explorações marginais e pequenas, respetivamente. Nenhum deles possuía terras de dimensão média e grande.

2.1.2.2 Rendimento anual

Prajapati (2006) referiu que o número máximo de inquiridos, tanto do grupo de beneficiários (81,11%) como do grupo de não beneficiários (47,78%), tinha um rendimento anual médio entre 24001 e 70000 rupias. O mesmo número de inquiridos (16,67% cada) de ambos os grupos tinha um rendimento elevado, *ou* seja, superior a 70 000 rupias. Os restantes 2,22% de agricultores beneficiários e 35,55% de agricultores não beneficiários tinham um rendimento anual baixo, até 24000 rupias.

Dhaneshwar (2008) revelou que dois terços dos agricultores beneficiários (60%) e não beneficiários (58,75%) tinham rendimentos anuais entre 50 001 e 1 000 000 rupias, seguidos de 26,25% e 18,75% dos agricultores beneficiários e não beneficiários, respetivamente, que tinham rendimentos anuais superiores a 1 000 000 rupias. Por outro lado, 13,75% dos agricultores beneficiários e 22,50% dos agricultores não beneficiários tinham um rendimento anual até 50 000 rupias, respetivamente.

Prajapati (2008) concluiu que quase metade (48,00 %) dos inquiridos tinha rendimentos entre 5001 e 10 000 rupias por ano.

Jat (2010) inferiu que a maioria dos inquiridos (73,61%) tinha um rendimento familiar anual médio.

Pandya (2011) revelou que quase três quartos (74,00 %) dos agricultores beneficiários tinham um rendimento anual entre 50.001 e 1.00.000 rupias.

Champaneri (2012) referiu que a maioria dos agricultores biológicos (65,84%) tinha um rendimento anual médio, seguido de 17,50% e 16,66% com rendimentos anuais baixos e elevados, respetivamente.

Parmar (2018) indicou que a maioria (68,00 %) dos beneficiários tinha um rendimento médio que variava entre 20451,16 e 70398,84 rupias por ano, seguido de 19,00 % que tinham um nível elevado de rendimento anual acima de 70398,84 rupias. Apenas 13,00 por cento dos beneficiários tinham um rendimento baixo, até 20451,16 Rs.

2.1.2.3 Hábito de migração

Patel (2005) revelou que, na maioria das famílias inquiridas (53,00 por cento), houve migração. A média de pessoas migrantes por agregado familiar era de 1,77 e o período médio de migração por agregado familiar era de 2,54 meses.

Kareemulla *et al.*, (2009) observaram que o National Rural Employment Guarantee Scheme fez baixar os níveis de migração de cerca de 27,00 por cento para 07,00 por cento nas aldeias incluídas na amostra devido à disponibilidade de trabalho.

Kumar e Haorei (2010) referiram que, dos 846 inquiridos, 39,30% nunca tinham migrado, 60,60% tinham migrado para trabalhar e 12,80% tinham deixado de migrar após a aplicação do regime MNREGA.

Reddy *et al.*, (2010) salientaram que a migração de emergência foi reduzida, uma vez que os trabalhadores podiam encontrar emprego na aldeia ou nas zonas circundantes, especialmente durante a época de escassez agrícola.

2.1.2.4 Participação social

Prajapati (2008) revelou que a grande maioria (70,00 %) das mulheres rurais tribais não participava em nenhuma organização social. Por outro lado, 19,00 por cento dos inquiridos eram membros de uma organização. Apenas 10,00 por cento eram membros de mais de uma organização.

Kansara (2009) indicou que 72,22% dos agricultores com formação e 32,22% dos agricultores sem formação eram membros de uma organização.

Jat (2010) estudou que a grande maioria (81,95 %) dos inquiridos não participava em qualquer tipo de organização social.

Suthar (2010) relatou que três quintos (60,00 %) dos proprietários de gotejadores eram membros de mais de uma organização.

Champaneri (2012) referiu que 40,00 por cento dos agricultores tribais biológicos eram membros de uma organização, seguidos de 27,50 por cento que não eram membros de qualquer organização, enquanto 20,00 por cento eram membros de mais do que uma organização. Muito poucos, *ou seja*, 12,50 por cento, ocupavam cargos nas diferentes organizações.

Desai (2013) relatou que 42,50% dos produtores de mamona eram membros de uma organização social, seguidos por 35,00% que eram membros de mais de uma organização, enquanto 12,50% ocupavam cargos em organizações. Apenas 10,00 por cento dos produtores de mamona não estavam associados a nenhuma organização social.

Bhati (2015) observou que 39,00 por cento dos inquiridos eram membros de uma organização social, enquanto 31,00 por cento eram membros de mais do que uma organização. Além disso, 24,00 por cento dos inquiridos não eram membros de nenhuma organização. Apenas 06,00 por cento dos inquiridos eram titulares de cargos.

2.1.3 Caraterísticas de comunicação

2.1.3.1 Fontes de informação

Pandya (2011) indicou que 52,92% dos agricultores beneficiários utilizavam as fontes de informação de forma média, enquanto 24,58% e 22,50% utilizavam as fontes de informação de forma baixa e alta, respetivamente.

Kumar (2012) indicou que a maioria (61,67%) dos agricultores utilizava fontes de informação de nível médio, seguidos de 20,00% e 18,33% que utilizavam fontes de informação de nível alto e baixo, respetivamente.

Patel (2015) indicou que 69,00 por cento dos produtores de romã utilizavam fontes de informação médias, seguidos de 15,55 e 15,12 por cento que utilizavam fontes de informação de nível elevado e baixo, respetivamente.

Naik e Deshmukh (2016) observaram que 72,50 por cento dos inquiridos utilizavam fontes de informação de nível médio, seguidos de 15,00 por cento e 12,50 por cento que utilizavam fontes de informação de nível elevado e baixo, respetivamente.

2.1.4 Caraterísticas psicológicas

2.1.4.1 Nível de aspiração

Chauhan (1994) constatou que a maioria (61,90 %) dos camponeses tinha um baixo nível de aspiração, enquanto 38,10 % tinham um alto nível de aspiração.

Vyas (1995) afirmou que a maioria dos produtores de leite tribais (60,00 %) pertencia a um nível médio de aspiração.

Patel (2005[a]) revelou que mais de metade (54,00 %) dos inquiridos tinham um baixo nível de aspiração, enquanto 46,00 % tinham um alto nível de aspiração.

Patel (2005[b]) referiu que 64,53% dos inquiridos tinham um nível médio de aspiração profissional, seguido de 18,18% dos inquiridos que tinham um nível elevado de aspiração profissional e 17,27% dos inquiridos tinham um nível baixo de aspiração profissional.

Chavda (2010) revelou que 66,00 por cento dos inquiridos estavam na categoria de nível médio de aspiração sobre técnicas pós-colheita na cultura do amendoim, seguido por um nível elevado de (20,00 %) aspiração. Apenas 14,00 por cento dos inquiridos se encontravam num nível baixo de aspiração.

2.1.4.2 Motivação económica

Bhosale (2010) referiu que a maioria (55,84 %) dos jovens rurais pertencia à categoria de motivação económica média, enquanto 24,16 % e 20,00 % tinham uma motivação económica elevada e baixa, respetivamente.

Darandle (2010) revelou que 60,00 por cento dos produtores de milho tribais tinham um nível médio de motivação económica, seguido de 24,16 por cento e 15,84 por cento que tinham um nível alto e baixo de motivação económica, respetivamente.

Suthar (2010) revelou que a maioria (71,00 %) dos proprietários de gotejadores tinha um nível médio de motivação económica.

Gulkari (2011) revelou que quase três quartos (72,50 %) dos beneficiários inquiridos pertenciam à categoria de motivação económica média. Apenas 15,00 por cento e 12,50 por cento dos beneficiários tinham uma motivação económica baixa e alta, respetivamente

Pandya (2011) indicou que a maioria (67,50 %) dos agricultores beneficiários se encontrava na categoria de motivação económica média.

Parmar (2018) revelou que menos de metade (46,50 %) dos beneficiários tinha um nível médio de motivação económica, seguido de 33,00 e 20,50 % de beneficiários com um nível baixo e elevado de motivação económica, respetivamente.

2.1.4.3 Orientação para o risco

Patel (2005) referiu que a maioria (52,50 %) dos camponeses tribais tinha um nível médio de orientação para o risco, enquanto 26,50 % e 21,00 % dos inquiridos tinham um nível baixo e alto de orientação para o risco, respetivamente.

Patel (2007) concluiu que 72,00 por cento dos produtores de milho tribal tinham um nível médio de orientação para o risco, seguido de 18,00 por cento e 10,00 por cento que tinham um nível baixo e alto de orientação para o risco, respetivamente.

Kumar (2009) relatou que 58,67% dos produtores de soja pertenciam a uma categoria de orientação para o risco de nível médio, seguida pelas categorias de orientação para o risco alto (20,00%) e baixo (21,33%).

Darandle (2010) revelou que 68,34% dos produtores tribais de milho tinham um nível médio de orientação para o risco, seguido de uma orientação para o risco elevado e baixo, com 17,50% e 14,16% dos inquiridos, respetivamente.

2.1.4.4 Orientação científica

Patel (2005) referiu que 51,00 por cento dos camponeses tribais tinham uma orientação científica média, seguidos de 27,50 por cento e 21,50 por cento com um nível baixo e alto de orientação científica, respetivamente.

Patel (2007) afirmou que 66,00 por cento dos produtores tribais de milho tinham uma orientação científica média, seguidos de 20,50 por cento e 13,50 por cento com um nível baixo e alto de orientação científica, respetivamente.

Darandle (2010) revelou que 64,16% dos produtores de milho tribais tinham um nível médio de orientação científica. Enquanto 20,00 por cento dos produtores de milho tribal tinham uma orientação científica elevada e os restantes 15,84 por cento tinham um nível baixo de orientação científica.

Dupare *et al.* (2011) revelaram que 44,46 por cento dos produtores de soja tinham uma orientação científica média, seguida de 29,05 por cento e 26,49 por cento com uma orientação científica alta e baixa, respetivamente.

Desai (2013) revelou que 67,50 por cento dos produtores de rícino tinham uma orientação científica média, seguidos de 20,00 e 12,50 por cento que tinham uma orientação científica baixa e alta, respetivamente.

II.10 ATITUDE DOS AGRICULTORES EM RELAÇÃO AOS PROGRAMAS DE DESENVOLVIMENTO

Munikishor *et al.* (2008) indicaram que 46,66% dos agricultores beneficiários tinham uma atitude mais favorável em relação ao Projeto da Bacia Hidrográfica de Sujala, seguida de uma atitude menos favorável (27,50%) e favorável (25,84%), respetivamente.

Sharnagat (2008) concluiu que a maioria dos beneficiários inquiridos tinha uma atitude muito favorável em relação à Missão Nacional de Horticultura.

Gulkari (2011) referiu que menos de metade (46,66%) dos inquiridos tinha uma atitude neutra em relação à NHM. Por outro lado, menos de dois quintos (16,66%) dos inquiridos tinham uma atitude fortemente desfavorável, seguindo-se 14,66% e 11,66% dos inquiridos com uma atitude favorável e fortemente desfavorável em relação à NHM.

Pandhare (2012) referiu que 76,67% dos inquiridos beneficiários e 62,00% dos inquiridos não beneficiários tinham uma atitude moderadamente favorável em relação ao KVK. Por sua vez, 20,00 % dos inquiridos beneficiários e 6,67 % dos inquiridos não beneficiários tinham uma atitude altamente favorável em relação ao KVK. Pelo contrário, 3,33% dos inquiridos beneficiários e 31,33% dos inquiridos não beneficiários tinham uma atitude menos favorável em relação à KVK.

Roy *et al.* (2013) observaram que 50,00 por cento dos inquiridos tinham uma atitude favorável em relação ao MGNREGA, enquanto 36,00 por cento e 14,00 por cento dos inquiridos tinham uma atitude neutra e desfavorável em relação ao MGNREGA, respetivamente.

Dholariya (2014) indicou que 60,00 por cento dos inquiridos tinham uma atitude moderadamente favorável em relação à NHM, seguida de uma atitude menos favorável e altamente favorável com 22,00 e 18,00 por cento dos inquiridos, respetivamente.

Parmar (2018) observou que (58,00 %) dos beneficiários tinham uma atitude moderadamente favorável em relação ao MNREGA, seguidos de 22,50 % e 19,50 % que tinham uma atitude muito favorável e menos favorável em relação ao MNREGA, respetivamente.

II.11 NÍVEL DE MODERNIZAÇÃO AGRÍCOLA DOS AGRICULTORES

Dattatraya (2001) constatou que mais de metade dos agricultores (58,33%) tinha uma modernização agrícola média. Por outro lado, 23,34% e 18,33% dos agricultores tinham uma modernização agrícola baixa e alta, respetivamente.

Jadhao (2002) revelou que a maioria (58,72%) dos agricultores possuía um nível médio de modernização geral.

Solanki (2002) observou que dois terços (67,04%) dos inquiridos tinham um nível médio de modernização geral.

Patel (2005) observou que 67,50 por cento dos inquiridos tinham um nível médio de modernização geral, seguido de 18,00 por cento com um nível baixo e 14,50 por cento com um nível elevado de modernização geral.

Prajapati (2012) revelou que, entre os agricultores tribais, 64,55% tinham um índice de modernização agrícola médio, seguido de 20,00% que tinham um índice de modernização agrícola baixo. Apenas 15,45% tinham um índice de modernização agrícola elevado.

II.12 NÍVEL DE EVOLUÇÃO SÓCIO-TÉCNICA DOS AGRICULTORES

Vankar (2000) revelou que quase metade (48,33%) dos inquiridos das aldeias não irrigadas apresentavam um baixo nível de mudanças, enquanto a maioria (61,67%) dos inquiridos das aldeias irrigadas apresentava um nível médio de mudanças sócio-técnicas e económicas.

Dabhi (2002) indicou que quase todos os membros (94,00 %) da sociedade de gestão participativa da irrigação (PIMS) têm um nível médio a elevado de mudanças tecno-económicas como resultado da PIMS.

Patel (2005) afirmou que 61,50 por cento dos inquiridos tinham um nível médio de mudança socio-tecnológica, seguido de 22,50 e 16,00 por cento com um nível baixo e alto de mudança socio-tecnológica, respetivamente.

Suthar (2010) relatou que 66,00 por cento dos proprietários de sistemas de irrigação por gotejamento foram encontrados em nível médio de impacto sócio-económico seguido de alto (19,00 %) e baixo (15,00 %) impacto sócio-económico do sistema de irrigação por gotejamento.

Pandya (2011) indicou que pouco mais de dois terços (68,33 %) dos agricultores beneficiários se encontravam na categoria média de impacto socioeconómico em resultado do krushi mahotsav.

Raut (2013) referiu que 44,17% dos inquiridos se encontravam na categoria média, seguidos de 37,50% e 18,33% com um nível baixo e alto de impacto socioeconómico dos GAA, respetivamente.

II.13 RELAÇÃO ENTRE AS VARIÁVEIS INDEPENDENTES SELECCIONADAS E A MODERNIZAÇÃO AGRÍCOLA DOS AGRICULTORES

Deshmukh e Chole (2001) concluíram que a educação, a dimensão da propriedade fundiária, o nível de aspiração, a orientação para o risco e a cosmopolitismo tinham uma relação positiva e significativa com a modernidade geral em aldeias progressistas e não progressistas. Por outro lado, encontraram uma relação positiva mas não significativa entre as fontes de informação dos camponeses tribais e o seu nível de modernização agrícola.

Prajapati e Jadhao (2002) revelaram que a idade apresentava uma relação negativa e altamente significativa com a modernização geral. Observaram ainda uma relação positiva e não significativa entre as fontes de informação dos camponeses tribais e o seu nível de modernização agrícola.

Vaster *et al.,* (2001) mostraram que a educação, a dimensão da propriedade fundiária, o cosmopolitismo, a orientação científica e a orientação para o risco estavam positiva e significativamente correlacionados com a modernização agrícola.

Jadhao (2002) referiu que a exposição aos meios de comunicação social e a orientação para o risco tinham uma relação positiva e significativa com o nível de modernização geral.

Patel (2005) revelou que a educação, a exposição aos meios de comunicação social, o nível de aspiração, a cosmopolitismo, a motivação económica, a orientação para o risco, a orientação científica e as mudanças socioeconómicas dos camponeses tribais tinham uma correlação positiva e significativa com a modernização geral, enquanto a idade e o hábito de migração dos camponeses tribais apresentavam uma correlação negativa e significativa com a sua modernização geral.

Prajapati (2012) constatou que a idade dos agricultores tribais tinha uma relação negativa e significativa com a modernização agrícola dos agricultores tribais. Por outro lado, a dimensão da propriedade fundiária e a cosmopolitismo tinham uma relação positiva e significativa com a modernização geral dos agricultores tribais. O autor referiu ainda que não existia uma relação significativa entre a educação, o rendimento anual, a participação social, as fontes de informação dos agricultores tribais e a sua modernização geral.

II.14 RELAÇÃO ENTRE OS FACTORES INDEPENDENTES SELECCIONADOS VARIÁVEIS E MUDANÇAS SÓCIO-TÉCNICAS-ECONÓMICAS ENTRE OS AGRICULTORES

Vankar (2000) referiu a existência de uma relação positiva e significativa entre a exposição aos meios de comunicação social dos agricultores das SC de áreas irrigadas e não irrigadas e as mudanças sócio-técnicas e económicas que se verificam entre eles.

Patel (2005) verificou que existia uma correlação negativa e significativa entre o hábito de migração dos camponeses tribais e a sua mudança socioeconómica, ao passo que foi observada uma relação positivamente significativa entre as variáveis, nomeadamente, exposição aos meios de comunicação social, motivação económica, cosmopolitismo, orientação para o risco e orientação científica, e as mudanças socioeconómicas. Além disso, referiu que não havia uma relação significativa entre o nível de aspiração dos camponeses tribais e as suas mudanças socioeconómicas.

Suthar (2010) observou que as variáveis, nomeadamente a educação, o rendimento anual, a motivação económica, a preferência pelo risco, a atitude em relação ao DIS e a dimensão da propriedade fundiária, tinham uma relação positiva significativa com o impacto socioeconómico, enquanto a idade tinha uma relação negativa significativa com o impacto socioeconómico. A participação social não conseguiu estabelecer uma relação significativa com o impacto socioeconómico.

Pandya (2011) revelou que a educação, o rendimento anual, a dimensão da propriedade fundiária, a participação social, as fontes de informação, a motivação económica e a atitude em relação ao krushi mahotsav estabeleceram uma relação positivamente significativa com as mudanças socioeconómicas entre os agricultores beneficiários. Por outro lado, verificou-se que a idade dos agricultores beneficiários tinha uma relação negativa significativa com as mudanças socioeconómicas.

Patel (2011) observou que a posse de terras, o rendimento anual e as fontes de informação dos inquiridos tinham uma relação positiva e significativa com a sua mudança tecnoeconómica.

Rai (2011) referiu que a idade dos inquiridos estabeleceu uma relação negativa significativa com as mudanças socioeconómicas, ao passo que a propriedade fundiária e as fontes de informação não tinham uma relação significativa com as mudanças socioeconómicas.

Raut (2013) indicou que a educação, a participação social, o rendimento anual, a atitude e a exposição dos inquiridos aos meios de comunicação social tinham uma associação positiva e significativa com o impacto socioeconómico global. Por outro lado, verificou-se que a idade dos agricultores beneficiários tinha uma relação negativa e significativa com o impacto socioeconómico global. A posse de terras não estabeleceu uma relação significativa com o impacto socioeconómico global.

II.15 CONSTRANGIMENTOS ENFRENTADOS PELOS AGRICULTORES NA OBTENÇÃO DE BENEFÍCIOS NO ÂMBITO DE VÁRIOS PROGRAMAS DE DESENVOLVIMENTO

Patel (2005) afirmou que os constrangimentos enfrentados pelos camponeses tribais na adoção de práticas melhoradas de cultivo de milho eram: custo elevado dos insumos agrícolas (77,50%), falta de irrigação (74,50%), más condições do solo (68,50%), facilidade de crédito inadequada (65,00%), falta de informação sobre novas tecnologias agrícolas (62,50%), falta de orientação técnica (60,00%) e baixo preço de mercado dos produtos agrícolas (54,00%).

Patel (2007) revelou que a grande maioria (96,00 %) dos produtores tribais de milho referiu os problemas de falta de conhecimentos sobre tecnologias melhoradas e o elevado custo dos factores de produção. Os outros constrangimentos importantes com que se defrontam são a falta de orientação técnica por parte dos trabalhadores ao nível da aldeia (94,60 %), más condições económicas (93,50 %), insumos não disponíveis a tempo (93,00 %), maturidade tardia da variedade (83,50 %), incidência de pragas e doenças (74,50 %) e indisponibilidade de dispositivos fitossanitários (69,00 %).

Darandle (2010) revelou que a maioria dos produtores de milho tribal enfrentou restrições de falta de configuração administrativa especial para promover a agricultura orgânica (60,00 %), falta de preço premium e disponibilidade de alimentos orgânicos (58,34 %), falta de rede de marketing orgânico (54,16 %), falta de conscientização sobre alimentos orgânicos (51.66 %), controvérsia entre os membros da família em relação à agricultura biológica (50,84 %), ausência de incentivos ou prémios especiais para os que adoptam práticas de agricultura biológica (48,34 %), fornecimento inadequado e inoportuno de factores de produção agrícola (46,66 %), grande distância do mercado ou do ponto de entrega (45,00 %) e fraco contacto dos extensionistas com os agricultores (41,66 %).

Dhaneshwar *et al.* (2013) referiram que a indisponibilidade de sementes melhoradas era o principal constrangimento expresso pelos agricultores, ocupando o primeiro lugar, seguido do elevado custo dos insecticidas e pesticidas e da indisponibilidade de medicamentos baratos, que ocupavam o segundo e o terceiro lugares.

Melkunde (2013) indicou que os principais constrangimentos enfrentados pelos produtores de algodão foram: problemas de mão de obra, atraso no pagamento, baixo preço do contrato, alta taxa de rejeição, pragas e doenças, manipulação de normas pela empresa, alto custo de insumos pela empresa contratante, maior taxa de juros sobre o crédito fornecido pelas empresas contratantes, potencialidade de rendimento da parcela de sementes não foi explicada pela empresa contratante (55,00 %), baixa taxa de fibra produzida (53,00 %) e cópia do contrato não foi fornecida (50,00 %).

Patel (2014) relatou que as principais restrições enfrentadas pelos produtores de amendoim na adoção da tecnologia recomendada de produção de amendoim *kharif* foram: alto custo de insumos (96,67%), altos salários de mão de obra (92,00%), alto custo de sementes (85,33%), falta de sementes puras e de boa qualidade / sementes certificadas (80,00%), indisponibilidade de mão de obra suficiente no tempo (72,00%) e falta de implementos melhorados (70,00%), que foram classificados de um a seis, respetivamente. Por outro lado, o preço não remunerador (64,67%), o crédito inadequado (56,67%), a falta de instalações de armazenamento (44,67%) e a falta de serviços de extensão atempados e adequados (41,33%) foram classificados de sete a dez, respetivamente.

II.16 SUGESTÕES DOS AGRICULTORES PARA SUPERAR OS PROBLEMAS NA OBTENÇÃO DE BENEFÍCIOS NO ÂMBITO DE VÁRIOS PROGRAMAS DE DESENVOLVIMENTO

Vasava (2005) referiu que todos os inquiridos sugeriram que fosse disponibilizada energia eléctrica suficiente a tempo, o que foi apoiado por 95,33% dos inquiridos. Outras sugestões foram: devem ser disponibilizadas sementes isentas de doenças (84,66%), devem ser aumentados os subsídios para insumos como insecticidas e pesticidas (80,66%), o preço dos insumos deve ser minimizado (74,66%), devem ser desenvolvidas variedades de alto rendimento (70,66%) e deve ser concedido crédito suficiente a juros razoáveis (50,00%).

Patel (2007) relatou que a maioria dos inquiridos sugeriu que o fornecimento de insumos de produção a uma taxa subsidiada (98,00 %), o fornecimento de informações sobre tecnologia agrícola por trabalhadores ao nível da aldeia a tempo (94,00 %), o aumento das instalações de irrigação pelo governo (92,50 %), a redução do custo dos insumos (84.00 %), formação para tecnologias melhoradas (80,00 %), disponibilidade fácil de insumos de produção (75,00 %), desenvolvimento de variedades de culturas específicas do local (73,00 %), fornecimento regular de eletricidade para fins de irrigação (71,00 %) e disponibilidade fácil de aparelhos fitossanitários recomendados (69,00 %).

Darandle (2010) revelou que as sugestões importantes aprovadas pelos agricultores tribais foram: fornecimento de insumos de produção a uma taxa subsidiada (98,00 %), fornecimento de informações sobre novas tecnologias agrícolas por trabalhadores ao nível da aldeia a tempo (94,00 %), aumento das instalações de irrigação pelo governo (92.50 %), redução do custo dos factores de produção (84,00 %), formação em tecnologias melhoradas (80,00 %), disponibilidade fácil de factores de produção (75,00 %), desenvolvimento de variedades de culturas específicas do local (73,00 %), fornecimento regular de eletricidade para fins de irrigação (71,00 %) e disponibilidade fácil de aparelhos fitossanitários recomendados (69,00 %).

Dhaneshwar *et al.* (2013) relataram que a maioria (95,00 %) dos inquiridos expressou que o número de formações deveria ser aumentado, seguido pela disponibilidade atempada de sementes e fertilizantes melhorados (87,50 %), taxa barata dos insecticidas/pesticidas (83.14 %) e medicamentos veterinários (82,50 %), assegurar instalações de comercialização adequadas em tempo oportuno (76,25 %), aumentar o subsídio, disponibilidade atempada de empréstimos (72,50 %) e peças sobressalentes de equipamentos agrícolas devem estar disponíveis localmente a preços razoáveis (68,75 %).

Melkunde (2013) indicou que os produtores de algodão sugeriram o pagamento regular, um bom preço para os seus produtos, a intervenção do governo para fazer leis rigorosas para fazer contratos legais, aconselhamento técnico para controlar pragas e doenças, crédito sem juros deve ser fornecido e cópia do acordo deve ser dada.

Patel (2014) relatou as sugestões expressas pelos produtores de amendoim para superar as restrições enfrentadas por eles na adoção da tecnologia recomendada de produção de amendoim *kharif*. Estas foram: sementes certificadas devem estar facilmente disponíveis no mercado e na sociedade cooperativa (94,67%), preço razoável deve ser dado aos produtos agrícolas (82,00%), preço dos insumos deve ser minimizado (65,33%), orientação técnica oportuna deve ser fornecida (49,33%) e empréstimo de colheita adequado deve ser fornecido aos agricultores (46,00%).

III. ORIENTAÇÃO TEÓRICA

Este capítulo é dedicado ao desenvolvimento da orientação teórica do estudo. A revisão da literatura relacionada com o problema de investigação é apresentada nos capítulos anteriores, o que contribuiu para a formulação da orientação teórica. O capítulo está dividido nas seguintes secções principais.

III.1 Quadro teórico do estudo

III.2 Modelo concetual

III.3 Identificação de variáveis

III.4 Definições de alguns termos comuns

III.5 Derivação de hipóteses

3.1 ENQUADRAMENTO TEÓRICO DO ESTUDO

3.1. 1Modernização da agricultura

O desenvolvimento agrícola é o principal objetivo de todos os esforços de desenvolvimento. A modernização da agricultura é vista como uma chave para o desenvolvimento social e económico. O objetivo básico do subplano tribal é reduzir o fosso entre o atraso das zonas tribais e as zonas económica e socialmente desenvolvidas, com vista a melhorar a qualidade de vida da população tribal. Em termos gerais, o desenvolvimento tribal inclui a transformação social e económica das populações tribais.

A palavra 'moderno' refere-se a "qualquer coisa que, mais ou menos recentemente, substituiu algo que, no passado, era a forma aceite de fazer as coisas" (Inkeles, 1966). O termo 'moderno' neste sentido significa 'mais recente' e 'modernizar' significa tornar algo antiquado atualizado.

No seu estudo, Raghuvanshi (1984) clarificou o significado dos termos "moderno", "modernidade" e "modernização". Estes três termos são distintos, mas estão intimamente relacionados entre si. Estes três termos têm sido utilizados em sentidos diferentes.

A modernização é um conceito multifacetado. Tem muitas dimensões. Vê o indivíduo na sua totalidade. Abrange toda a sua personalidade.

Black (1967) conceptualizou a modernização como o processo pelo qual as instituições historicamente evoluídas são adaptadas às funções em rápida mudança que reflectem o aumento sem precedentes do conhecimento do homem, permitindo o controlo sobre o seu ambiente que acompanhou a revolução científica.

Rogers e Svenning (1969) definiram a modernização como um processo pelo qual o indivíduo passa de um modo de vida tradicional para um estilo de vida mais complexo, tecnologicamente avançado e em rápida mudança. Esta definição é considerada como a síntese dos pontos de vista de muitos sociólogos, psicólogos sociais, economistas e cientistas políticos.

A modernização envolve a aceitação do racionalismo científico contra a fé religiosa e a adoção de novas inovações e métodos de fazer as coisas, que desafiam e competem com os antigos.

Vaster *et al.* (2001), no seu estudo, conceptualizaram a modernização agrícola como um processo através do qual os agricultores alteram estrutural e funcionalmente o seu estilo de vida, tomando consciência, desenvolvendo uma atitude favorável e adoptando as práticas agrícolas recomendadas. Trata-se de um processo complexo e multifatorial de integração a nível individual.

Chauhan (1994) concluiu que o nível de modernização geral dos camponeses em geral estava positiva e significativamente relacionado com a educação, a casta, o contacto com a agência de mudança, a participação organizacional, a exposição aos meios de comunicação social, a posse de terras, o nível de realização, a ocupação, a mudança sócio-técnica-económica, o nível de aspiração, a empatia na assunção de papéis, o não fatalismo, a cosmopolitismo, motivação económica, orientação para o risco, orientação científica, atitude, conhecimentos sobre a cultura do milho, conhecimentos sobre a criação de animais, adoção de tecnologia de produção de milho, adoção de práticas modernas de criação de animais, eficácia política, secularismo e nível de aspiração a um filho, ao passo que a idade e a influência urbana não mostraram qualquer relação com a modernização geral.

Jagdeeshswara (1994) revelou que, de entre vinte e três variáveis independentes, quinze variáveis, nomeadamente: educação, tipo de família, participação social, exposição aos meios de comunicação social, contacto com a agência de extensão, motivação para a realização, orientação científica, racionalidade, atitude em relação à modernização da agricultura, rendimento anual, dimensão da exploração, posse de materiais e nível de vida, estavam positiva e significativamente relacionadas com o nível geral de modernização, enquanto que a idade, cosmopolitismo, inovação, preferência pelo risco, comercialização, perceção do mercado, orientação para o mercado e posse de animais vivos não estabeleceram qualquer relação significativa com o nível geral de modernização.

Vaster *et al.* (2001), no seu estudo sobre a modernização da agricultura entre os agricultores de Limbani, Karnataka, concluíram que, de entre vinte variáveis independentes, quinze variáveis, nomeadamente, educação, propriedade fundiária, rendimento, motivação para a realização, cosmopolitismo, orientação para o risco, orientação científica, capacidade de inovação, orientação para o mercado, gratificação diferenciada, nível de vida, participação em programas de formação, participação na extensão, contacto com os agentes de extensão e utilização dos meios de comunicação social, estavam positiva e significativamente relacionadas com a modernização global da agricultura, a uma taxa de 1%, enquanto variáveis como a idade, o tipo de família, a participação social, o conhecimento político e a liderança de opinião não estabeleceram qualquer relação com a modernização global da agricultura.

Além disso, indicaram que o cosmopolitismo, a orientação científica, a participação em programas de formação e a utilização dos meios de comunicação social contribuíram significativamente para a modernização da agricultura.

Deshmukh e Chole (2001) indicaram que a modernidade geral na aldeia progressiva e não progressiva mostrou uma relação positiva com a educação, a ocupação, a posse de terras, o rendimento anual, a participação social, a orientação para o risco, o nível de aspiração, o contacto com a extensão, a cosmopolitismo, a classe social, a independência e o comportamento de comunicação.

Jadhao (2002), no seu estudo sobre a modernização dos agricultores do distrito de Mehsana, referiu que a educação, a participação social, o cosmopolitismo, a participação nos meios de comunicação social, o contacto com a extensão, a motivação para a realização, a capacidade de inovação, a orientação científica, a preferência pelo risco, a orientação para o mercado, o rendimento anual, a potência agrícola e a posse de animais vivos apresentavam uma relação positiva e altamente significativa com a modernização geral.

Prajapati (2012) constatou que a idade dos agricultores tribais tinha uma relação negativa e significativa com a modernização agrícola dos agricultores tribais. Por outro lado, a dimensão da propriedade fundiária e a cosmopolitismo tiveram uma relação positiva e significativa com a modernização geral dos agricultores tribais.

3.1.2 Alterações sócio-técnico-económicas (impacto)

Webster descreve o impacto como a força, a impressão ou a operação de uma coisa sobre a outra, afectando um controlo e um conluio vigorosos. Neste estudo, o impacto sócio-técnico-económico é definido operacionalmente como as mudanças resultantes da operacionalização do Projeto Integrado de Desenvolvimento Tribal em vários aspectos da mudança sócio-técnica-económica durante os últimos cinco anos.

As investigações sobre o impacto das mudanças tecnológicas realizadas por Chauhan (1994) referem que se verificou um aumento global da produção das culturas, um aumento do rendimento líquido das explorações agrícolas, uma melhoria do nível de vida, mudanças na estrutura social, um aumento do nível de educaçao, uma mudança na ocupação de empregos agrícolas para empregos não agrícolas, mudanças na atitude e nos valores da população rural e um aumento do contacto com as zonas urbanas e as agências de extensão.

Neste estudo, as mudanças resultantes da adoção de tecnologia moderna e da modernização agrícola através do Projeto Integrado de Desenvolvimento Tribal foram consideradas como mudanças socio-tecnológicas e os aspectos socioeconómicos da vida foram considerados como impacto. As mudanças económicas desejáveis observadas foram quantificadas em termos de mudança na utilização de maquinaria agrícola de base tecnológica ou de instrumentos agrícolas, mudança nos artigos domésticos, mudança na poupança e no investimento, mudança no hábito alimentar, mudança no padrão de vestuário, mudança nas condições de habitação, mudança no estatuto social, mudança nas relações sociais, mudança na autossuficiência e mudança na tecnologia. As tecnologias agrícolas melhoradas estabeleceram a sua superioridade sobre as tradicionais. Por conseguinte, presume-se que a utilização de tais tecnologias conduziria a mudanças tecnoeconómicas.

Chauhan (1994) referiu que as variáveis independentes, como a exposição aos meios de comunicação social, a modernização geral, o contacto com as agências de mudança, as ocupações, a propriedade fundiária, a idade, a adoção de práticas de criação de animais, o não fatalismo, a motivação económica, o secularismo e a adoção da tecnologia do milho, contribuíram em conjunto para 89,32% da variação total da mudança socio-tecnológica dos camponeses em geral.

Patel *et al.* (1995) concluíram que cinco variáveis, nomeadamente: dimensão do rebanho, potencial de irrigação, rendimento anual, conhecimentos sobre a conservação do solo e da água e motivação económica, contribuíram conjuntamente para 62,94% da variação da mudança tecno-económica dos agricultores beneficiários na zona da bacia hidrográfica.

Vankar (2000) referiu que a educação, a participação social, a exposição aos meios de comunicação social, a dimensão da propriedade fundiária, o nível de aspiração a um filho, a orientação para o risco, a modernização geral, o conhecimento e a adoção do trigo estavam significativamente correlacionados com a mudança sócio-técnica-económica.

Assim, com base numa extensa revisão sobre o assunto, foram incluídas neste estudo variáveis importantes para conhecer a sua influência na modernização agrícola e nas mudanças socio-tecnológicas. Estas variáveis foram consideradas como variáveis independentes que precedem as outras na ordem ou no tempo e que, teoricamente, se espera que conduzam ou sejam seguidas por determinadas outras variáveis, ao passo que a modernização agrícola e as mudanças socio-tecnológicas são consideradas como variáveis dependentes que se supõe serem influenciadas pelas variáveis independentes.

Com este pressuposto, foi formulada a presente investigação. Partiu-se do princípio de que a execução do Projeto Integrado de Desenvolvimento Tribal induziria algumas alterações na constituição psicológica do beneficiário, uma vez que a aquisição de orientação técnica, de assistência financeira e de outras ajudas pode levar à formação de uma atitude favorável, à aceitação de novas tecnologias e a algumas alterações comportamentais em termos sociais, económicos, culturais e tecnológicos. Isto significa que ocorrerá um certo desequilíbrio cognitivo no domínio cognitivo dos camponeses tribais que pode estar relacionado com a mudança do seu nível de vida. Sem dúvida, estas mudanças não seriam uniformes devido às diferentes personalidades e caraterísticas dos camponeses tribais. Assumiu-se, além disso, que as mudanças introduzidas no domínio cognitivo através da aquisição de algumas das orientações e caraterísticas desejáveis alargariam uma orientação para a exposição, desejo e necessidade de informação, resultando em mudanças na modernização agrícola e em aspectos sócio-técnicos-económicos que, de facto, formariam um círculo vítreo para reforçar a aceitação e a prática do conhecimento.

3.2 MODELO CONCEPTUAL

O quadro concetual apresentado na secção anterior foi apresentado de forma concetual. O modelo concetual apresentado é provisório e generalizado. A forma final desse modelo foi sugerida no final desta dissertação, no resumo e nas conclusões do capítulo.

O modelo provisório apresentado mostra que existem doze variáveis independentes que podem influenciar a modernização da agricultura e as mudanças sócio-técnicas e económicas.

3.3 IDENTIFICAÇÃO DE VARIÁVEIS

O papel da situação ou do ambiente é muito importante para antecipar a ação humana. O comportamento ocorre numa situação e tem, por isso, uma influência profunda na ação do indivíduo, uma vez que a situação apresenta ao ator um determinado objetivo a atingir. Rogers (1962) confirmou, portanto, o papel decisivo da situação. O sistema social em que o indivíduo se insere tem um efeito dominante no seu comportamento. A ação de um indivíduo depende de muitos factores. Tal como conceituado por Pearson (1954), a ação tem lugar numa situação que consiste em factores sociais, físicos e culturais. Mais precisamente, qualquer ação ou decisão é influenciada não só por factores económicos, mas também por factores pessoais, sociais, económicos, comunicacionais e psicológicos. Como sabemos, os inquiridos diferem nas suas caraterísticas, o que pode estar associado à sua modernização agrícola.

A lógica subjacente à seleção das variáveis que influenciam a modernização agrícola e a mudança sócio-técnica-económica dos agricultores no âmbito do projeto de desenvolvimento tribal integrado é apresentada a seguir:

3.3.1 Variáveis independentes

3.3.1.1 Idade

O desenvolvimento físico e psicológico de um indivíduo está relacionado com a idade. Assim, influencia os interesses e as necessidades de um indivíduo. Também desempenha um papel vital na aquisição de conhecimentos sobre inovações agrícolas, ajudando assim a aumentar o nível de modernização agrícola. Quanto maior for o nível de modernização agrícola, maior será o impacto sócio-técnico-económico. Por conseguinte, na presente investigação, foi conceptualizado que a idade pode estar relacionada com a modernização agrícola e, por conseguinte, com o seu impacto sócio-técnico-económico como resultado do programa ITDP.

3.3.1.2 Educação

É um facto bem conhecido que a educação é a essência de qualquer processo de desenvolvimento. Acredita-se geralmente que quanto maior for a capacidade de ler e escrever do indivíduo e o seu nível de educação formal, mais ampla será a sua visão e melhor será a sua capacidade de lidar com a situação. Esperava-se, portanto, que quanto maior fosse a capacidade dos agricultores para ler e escrever e quanto maior fosse a sua educação formal, maior seria a modernização agrícola e, consequentemente, maior seria o impacto sócio-técnico-económico.

3.3.1.3 Exploração fundiária

Parte-se do princípio de que os agricultores com grandes explorações possuem um capital de investimento substancial que ultrapassa o potencial de investimento e os recursos de crédito dos pequenos agricultores. Por conseguinte, postulou-se que os agricultores com grandes propriedades de terra estariam em melhor posição para adotar tecnologias e inovações agrícolas melhoradas e, assim, o seu grau de mudança sociotécnica seria comparativamente maior. **3.3.1.4 Rendimento anual**

A existência de condições económicas sólidas ajuda o agricultor a tomar a decisão de adquirir os factores de produção necessários e a aumentar a produtividade, o que resulta em melhores rendimentos.

Assim, pensou-se que os agricultores com rendimentos anuais elevados deveriam ter mais conhecimentos sobre tecnologias agrícolas melhoradas e inovações agrícolas e, por conseguinte, a mudança sócio técnica económica seria comparativamente maior como resultado do programa ITDP.

3.3.1.5 Hábito de migração

A migração das zonas rurais para as zonas urbanas é uma resposta a diversas oportunidades económicas no espaço (Mitra e Murayama, 2008). Os Estados pobres e atrasados registam uma grande mobilidade da população, principalmente em busca de meios de subsistência. A perspetiva de melhores oportunidades de emprego é um dos principais factores determinantes da migração masculina; as mulheres migram geralmente para acompanhar os homens. A migração desempenha um papel importante na urbanização de um país.

Refere-se ao período total de migração do número de membros da família das tribos para obterem rendimentos extra para a sua subsistência. Assim, foi conceptualizado que o hábito de migração teria contribuído para a modernização agrícola dos agricultores tribais e, consequentemente, para as suas mudanças sócio-técnicas-económicas como resultado do ITDP.

3.3.1.6 Participação social

Refere-se à partilha voluntária de um indivíduo numa relação de pessoa para pessoa e de grupo para grupo, para além do benefício imediato do agregado familiar. Mostra até que ponto os inquiridos estão envolvidos numa organização formal como membros ou titulares de cargos. Desempenha um papel importante no aumento do contacto de uma pessoa com o mundo exterior e no alargamento do horizonte de experiência de uma pessoa, expondo-a à atmosfera do grupo secundário.

Considerou-se, portanto, que existe uma associação entre a participação social e a modernização agrícola dos agricultores tribais e, consequentemente, as suas mudanças sócio-técnicas e económicas.

3.3.1.7 Fontes de informação

Existem várias fontes de informação através das quais os agricultores tribais podem adquirir informações sobre tecnologias agrícolas melhoradas e inovações agrícolas. As fontes de informação são a ponte física entre a origem da tecnologia e os agricultores tribais. Os agricultores tribais têm à sua disposição vários métodos de comunicação, como os formais, informais, os meios de comunicação de massas e outros, para se familiarizarem com as tecnologias agrícolas melhoradas e as inovações agrícolas. Por conseguinte, a fonte de informação dos agricultores tribais foi considerada como variável independente para o estudo.

3.3.1.8 Nível de aspiração

A teoria do nível de aspiração de Lewin (1935) defendia que se um indivíduo utilizasse as suas competências ao nível em que se encontrava, poderia ser bem sucedido. Definiu o nível de aspiração como "o objetivo ou padrão que um indivíduo estabelece para si próprio numa tarefa, com base na experiência passada e na familiaridade com a tarefa" (Schunk, et al, 2008, p45).

É uma estimativa realista de onde ele pensa que pode ficar rico na escada da vida, daqui a cinco anos. Por conseguinte, considera-se que o nível de aspiração dos inquiridos tem influência na sua modernização agrícola e na mudança sócio-técnica-económica. **3.3.1.9 Motivação económica**

É definido como o sucesso profissional em termos de maximização do lucro e do valor relativo que um indivíduo atribui aos fins económicos. Também pode ser considerada como uma indicação do grau de vontade de um indivíduo de gastar mais para adotar novas tecnologias agrícolas. Por conseguinte, considera-se que a motivação económica contribuiria para a modernização agrícola dos agricultores tribais e, consequentemente, para as suas mudanças sócio-técnicas-económicas como resultado do ITDP.

3.3.1.10 Orientação para os riscos

A orientação para o risco pode ser descrita como o grau em que os agricultores tribais estão orientados para enfrentar riscos e incertezas na adoção de novas ideias. Muitos investigadores anteriores indicaram que a vontade de correr riscos estava positivamente relacionada com a modernização agrícola dos agricultores. Por conseguinte, foi colocada a hipótese de que quanto maior for a vontade de um agricultor de assumir riscos, mais racional será a sua modernização agrícola.

3.3.1.11 Orientação científica

Caracteriza-se por uma crença na ciência e numa abordagem científica para resolver os problemas da agricultura. Muitos investigadores do passado indicaram que a orientação científica estava positivamente relacionada com a modernização agrícola dos agricultores. Pode dizer-se, hipoteticamente, que quanto mais os agricultores tribais estiverem dispostos a utilizar o método científico, mais racional será a sua modernização agrícola e, consequentemente, as suas mudanças sócio-técnicas e económicas.

3.3.1.12 Atitude

A atitude é frequentemente definida como uma tendência para reagir a uma determinada classe de estímulos, como uma ideia, uma tecnologia, um costume ou uma instituição. Para efeitos do estudo, a definição de atitude refere-se ao grau de favorabilidade e desfavorabilidade em relação ao Projeto Integrado de Desenvolvimento Tribal, tal como respondido pelos agricultores tribais.

O sucesso, o progresso e o desenvolvimento ou o fracasso de qualquer reforma social ou programa de desenvolvimento dependem principalmente da atitude das pessoas em relação a eles. Thurstone (1946) definiu uma atitude como o grau de efeito positivo ou negativo associado a um objeto psicológico. Neste estudo, a atitude foi operacionalizada como o grau de disposição favorável ou desfavorável dos agricultores tribais em relação ao Projeto Integrado de Desenvolvimento Tribal.

3.3.2 Variáveis dependentes

3.3.2. 1 Modernização da agricultura

A modernização agrícola significa o processo de transformação da agricultura tradicional para a agricultura moderna e os meios utilizados por um agricultor. Neste processo, a agricultura com a indústria moderna, com o aumento da ciência e tecnologia modernas e com o método de gestão da economia moderna, faz com que a produtividade agrícola da agricultura tradicional atrasada se transforme cada vez mais num nível avançado de agricultura do mundo contemporâneo. No entanto, a modernização da agricultura é um fenómeno muito complexo, que está relacionado com muitos indicadores e tem uma relação positiva com o desenvolvimento económico. Para ser preciso, qualquer processo de ação depende de muitos factores envolvidos na situação. Por isso, procurou-se aqui identificar os indicadores da modernização da agricultura.

Considerando as evidências de vários estudos, a literatura discutida acima e avaliada por um painel de juízes, foram selecionados os principais indicadores de modernização agrícola para a construção da escala de modernização agrícola. Os principais indicadores foram os seguintes:

(i) Inovação
(ii) Cosmopolitismo
(iii) Grau de utilização dos meios de comunicação social
(iv) Padrão de cultivo
(v) Seleção de sementes
(vi) Adoção do sistema de micro irrigação
(vii) Comercialização de produtos agrícolas e lácteos
(viii) Máquinas e alfaias modernas disponíveis
(ix) Adoção da gestão integrada dos nutrientes

(x) Utilização de fertilizantes orgânicos

(xi) Armazém

(xii) Grau de adoção de medidas fitossanitárias

(xiii) Adoção de práticas leiteiras melhoradas

A modernização da agricultura foi considerada como a função de todos os indicadores acima referidos em conjunto.

1.1.2. 2 Mudanças sócio-técnicas e económicas entre os agricultores tribais

Webster descreve o impacto como a força, a impressão ou a ação de uma coisa sobre a outra. Em termos operacionais, é definido como as mudanças resultantes sob a forma de um acordo de impacto sócio-técnico-económico entre os agricultores tribais. É a avaliação das mudanças em termos de impacto sócio-técnico-económico, as diferenças de mudança resultante que se verificam após a implementação do Projeto Integrado de Desenvolvimento Tribal. Os componentes da mudança sociotécnica considerados foram: mudança na base tecnológica moderna, maquinaria agrícola ou implementos agrícolas, mudança nos artigos domésticos, mudança na poupança e no investimento, mudança no hábito alimentar, mudança no padrão de vestuário, mudança nas condições de habitação, mudança no estatuto social, mudança nas relações sociais, mudança na autossuficiência e mudança na tecnologia. No presente estudo, o impacto sócio-técnico-económico é definido operacionalmente como as mudanças resultantes da operacionalização do Projeto Integrado de Desenvolvimento Tribal em vários aspectos sócio-técnicos-económicos durante os últimos cinco anos.

3.4 DEFINIÇÕES DE ALGUNS TERMOS COMUNS

3.4.1 Camponeses

Pessoa que trabalhava na terra e vivia no campo, constituindo um grupo social e económico distinto.

3.4.2 Tribal

O termo tem sido referido como comunidades tradicionais, vivendo em relativo isolamento de colinas e florestas.

3.4.3 Idade

Refere-se à idade real dos inquiridos em anos completos, ou seja, à idade cronológica dos inquiridos.

3.4.4 Educação

Refere-se à educação formal obtida pelo camponês individualmente.

3.4.5 Exploração fundiária

Refere-se ao total de terras possuídas por um camponês individual em termos de hectares no momento do inquérito.

3.4.6 Rendimento anual

Refere-se ao total anual de erning dos camponeses.

3.4.7 Hábito de migração

Refere-se ao período total de migração do número de membros da família dos camponeses para obterem um rendimento extra para a sua subsistência.

3.4.8 Participação social

Refere-se ao grau de envolvimento do camponês tribal numa organização formal, quer como membro quer como detentor de um cargo.

3.4.9 Fontes de informação

As fontes de informação foram operacionalizadas como as fontes através das quais os agricultores obtêm informações sobre as novas tecnologias agrícolas modernas.

3.4.10 Nível de aspiração

A aspiração é definida como a estimativa realista que o inquirido faz do lugar que pensa poder alcançar na escada da vida, daqui a cinco anos.

3.4.11 Motivação económica

A motivação económica é definida como o sucesso profissional em termos de maximização do lucro e o valor relativo que um indivíduo atribui aos fins económicos.

3.4.12 Orientação para o risco

Pode ser descrito como o grau em que um camponês está orientado para enfrentar o risco e a incerteza ao adotar uma nova ideia.

3.4.13 Orientação científica

Refere-se ao grau em que um camponês ou agricultor está orientado para a utilização de métodos científicos na tomada de decisões em relação ao seu comportamento de adoção.

3.4.14 Atitude em relação ao projeto de desenvolvimento tribal integrado

Refere-se ao "grau de afeto positivo ou negativo associado ao Projeto Integrado de Desenvolvimento Tribal".

3.4.15 Hipótese nula

De acordo com Fisher (1955), a hipótese nula é a hipótese que é testada para possível rejeição sob o pressuposto de que é verdadeira.

3.5 DERIVAÇÃO DE HIPÓTESES

Com base na literatura analisada e no quadro teórico do estudo, foram formuladas as seguintes hipóteses relativas aos objectivos específicos, de acordo com o procedimento indicado por Kerlinger (1976).

3.5.1 Hipóteses gerais

H1 : Não existe qualquer relação entre as caraterísticas selecionadas da população tribal inquiridos e a sua modernização agrícola.

H2 : Não existe qualquer relação entre as caraterísticas selecionadas da população tribal Os inquiridos e a sua evolução sociotécnica e económica.

3.5.2 Hipóteses específicas

H1.1 Não existe relação entre a idade dos inquiridos e a sua modernização agrícola.

H1.2 Não existe qualquer relação entre as habilitações literárias dos inquiridos e a sua modernização agrícola.

H1.3 Não existe qualquer relação entre a dimensão da propriedade fundiária dos inquiridos e a sua modernização agrícola.

H1.4 Não existe relação entre o rendimento anual dos inquiridos e a sua modernização agrícola.

H1.5 Não existe qualquer relação entre o hábito de migração dos inquiridos e a sua modernização agrícola.

H1.6 Não existe relação entre a participação social dos inquiridos e a sua modernização agrícola.

H1.7 Não existe relação entre as fontes de informação dos inquiridos e a sua modernização agrícola.

H1.8 Não existe relação entre o nível de aspiração dos inquiridos e a sua modernização agrícola.

H1.9 Não existe uma relação entre a motivação económica dos inquiridos e a sua modernização agrícola.

H1.10 Não existe qualquer relação entre a orientação para o risco dos inquiridos e a sua modernização agrícola.

H1.11 Não existe qualquer relação entre a orientação científica dos inquiridos e a sua modernização agrícola.

H1.12 Não existe qualquer relação entre a atitude dos inquiridos em relação ao Projeto Integrado de Desenvolvimento Tribal e a sua modernização agrícola.

H2.1 Não existe qualquer relação entre a idade dos inquiridos e a sua mudança socio-tecno-económica.

H2.2 Não existe qualquer relação entre as habilitações literárias dos inquiridos e a sua mudança socio-tecno-económica.

H2.3 Não existe qualquer relação entre a dimensão da propriedade fundiária dos inquiridos e a sua mudança sócio-técnica-económica.

H2.4 Não existe qualquer relação entre o rendimento anual dos inquiridos e a sua mudança sociotécnica.

H2.5 Não existe qualquer relação entre o hábito de migração dos inquiridos e a sua mudança sócio-técnica-económica.

H2.6 Não há relação entre a participação social dos inquiridos e a sua mudança socio-tecno-económica.

H2.7 Não há relação entre a mudança das fontes de informação dos inquiridos e a sua mudança socio-tecno-económica.

H2.8 Não existe qualquer relação entre o nível de aspiração dos inquiridos e a sua mudança sociotécnica.

H2.9 Não existe uma relação entre a motivação económica dos inquiridos e a sua mudança sociotécnica.

H2.10 Não existe qualquer relação entre a orientação para o risco dos inquiridos e a sua mudança sócio-técnica-económica.

H2.11 Não existe qualquer relação entre a orientação científica dos inquiridos e a sua mudança sociotécnica e económica.

H2.12 Não existe qualquer relação entre a atitude dos inquiridos em relação ao Projeto Integrado de Desenvolvimento Tribal e a sua mudança sócio-técnica-económica.

CAPÍTULO IV

IV. METODOLOGIA DE INVESTIGAÇÃO

Para chegar às conclusões dos objectivos específicos delineados, foi utilizada uma abordagem científica e medidas empíricas para realizar o presente estudo. Esta parte descreve em pormenor os métodos e procedimentos utilizados no trabalho de investigação nos seguintes subtítulos:

4.1 Identificação do problema
4.2 Conceção da investigação
4.3 Técnicas de amostragem e seleção dos inquiridos
4.3.1 Localização da zona de investigação
4.3.2 Seleção das talukas
4.3.3 Seleção das aldeias
4.3.4 Seleção dos inquiridos
4.4 Seleção e medição das variáveis
4.4.1 Seleção das variáveis
4.4.2 Medição das variáveis independentes
4.4.3 Medição das variáveis dependentes
4.5 Atitude dos agricultores em relação ao Projeto Integrado de Desenvolvimento Tribal
4.6 Constrangimentos enfrentados pelos agricultores tribais na obtenção de benefícios no âmbito do Programa Integrado de Desenvolvimento Rural
Projeto de Desenvolvimento Tribal
4.7 Sugestões dos inquiridos tribais para ultrapassar os constrangimentos que enfrentam na obtenção de benefícios no âmbito do Projeto de Desenvolvimento Tribal Integrado
4.8 Elaboração de um programa de entrevistas
4.9 Pré-teste de um programa de entrevistas
4.10 Recolha de dados
4.11 Quadro estatístico utilizado para a análise dos dados

4.1 Identificação do problema

A modernização agrícola está intimamente relacionada com a aplicação da ciência e da tecnologia na agricultura. Os cientistas sociais opinam que a modernização não está nas caraterísticas da sociedade, mas nas caraterísticas de um indivíduo. Para assegurar o crescimento económico da Índia, é essencial a modernização dos camponeses indianos, passando do modo de vida tradicional para um estilo de vida mais complexo, tecnologicamente avançado e em rápida mudança. Quase nenhum estudo foi realizado de forma detalhada sobre a análise do impacto da modernização do campesinato na agricultura no âmbito do Projeto Integrado de Desenvolvimento Tribal. Sabarkantha é um dos distritos tribais dominantes do Estado de Gujarat. Tendo em conta a importância da modernização do campesinato, foi realizado o presente estudo.

4.2 Conceção da investigação

Na presente investigação, foi utilizado um modelo de investigação *ex-post-facto*. Kerlinger (1976) definiu a conceção ex-post-facto como qualquer investigação empírica sistemática em que as variáveis independentes não foram diretamente manipuladas porque já ocorreram ou porque não são inerentemente manipuladas. Além disso, afirmou que os estudos ex post-facto podem ser concebidos para deduzir teorias, identificar fenómenos comportamentais e explorar as condições em que um fenómeno ocorre.

Tendo em conta a adaptabilidade do desenho proposto em relação ao tipo de variáveis em consideração, à dimensão dos inquiridos e aos fenómenos a estudar, o desenho ex-post-facto foi selecionado como um desenho de investigação adequado.

4.3 Técnicas de amostragem

Guildford (1956) e Kerlinger (1976) descreveram várias técnicas de amostragem elaboradas. Para este estudo, foi utilizada a técnica de amostragem aleatória em várias fases para a seleção dos distritos e talukas. Por outro lado, as aldeias e os inquiridos foram selecionados através da técnica de amostragem aleatória simples.

4.3.1 Localização da zona de investigação

O presente estudo foi realizado na área do Projeto de Desenvolvimento Tribal Integrado do distrito de Sabarkantha, no Estado de Gujarat. O distrito de Sabarkantha é limitado a leste e a nordeste pelo Estado do Rajastão, a oeste pelo distrito de Banaskantha e pelo distrito de Mehsana e a sul pelos distritos de Gandhinagar, Kheda e Panchmahals. A parte ocidental do distrito é delimitada pelo rio Sabarmati, enquanto as colinas de Aravalli constituem um limite natural nas partes norte e leste. A área coberta por este distrito é de 7390 km2 . Situa-se entre os paralelos de latitude 23^0 3' e 24^0 29' e os meridianos de longitude 72^0 43' e 73^0 39'.

O distrito de Sabarkantha foi selecionado propositadamente para o estudo pelas seguintes razões

1. Sabarkantha é um distrito tribal dominante no norte de Gujarat.
2. O distrito está sob a jurisdição da Universidade Agrícola de S.D., onde o investigador está a estudar, pelo que o investigador poderá cobrir a área dentro do tempo estipulado.

4.3.2 Seleção das takukas

O distrito de Sabarkantha compreende oito talukas, dos quais dois talukas, Khedbrahma e Vijaynagar, foram selecionados propositadamente por serem zonas de predominância tribal.

4.3.3 Seleção das aldeias

A lista das aldeias tribais dominantes em cada uma das talukas selecionadas foi obtida no jornal oficial do distrito. De cada taluka selecionada, foram selecionadas aleatoriamente dez aldeias, pelo que, finalmente, foi considerada para o estudo uma amostra de 20 aldeias de 2 talukas selecionadas propositadamente.

4.3.4 Seleção dos inquiridos

Foi obtida uma lista de camponeses junto do trabalhador ao nível da aldeia em causa nas 20 aldeias selecionadas. De cada aldeia, foram selecionados aleatoriamente 10 inquiridos. Assim, foi selecionada para o presente estudo uma amostra aleatória de um total de 200 agricultores tribais.

Quadro 1: DISTRIBUIÇÃO POR ALDEIAS DAS PESSOAS SELECCIONADAS RESPONDENTES

Sr. Não.	Seleção dos inquiridos por aldeia			
	Khedbramha Taluka	Número de inquiridos	Taluka de Vijaynagar	Número de inquiridos
1.	Hingatiya	10	Aantri	10
2.	Digthali	10	Kathvavdi	10
3.	Patadiya	10	Bandhana	10
4.	Panthal	10	Vanaj	10
5.	Mota-baval	10	Saroli	10
6.	Ratanpur	10	Vireshwar	10
7.	Mahudi	10	Padela	10
8.	Kheroj	10	Vasai	10
9.	Matoda	10	Bhambhudi	10
10.	Agiya	10	Abhapur	10
	Total	**100**	**Total**	**100**
TOTAL GERAL:- 200				

4.4 Seleção e medição das variáveis

4.4.1 Seleção das variáveis

As variáveis para o presente estudo foram selecionadas com base numa extensa revisão da literatura sobre o assunto, na consulta de peritos e em estudos anteriores realizados sobre o assunto. Apenas as variáveis mais relevantes para o presente inquérito foram finalmente selecionadas para o estudo. A lista das variáveis selecionadas é a seguinte

Quadro 2: Variáveis e respectiva medição

N.º Sr.	Variáveis	Técnica de medição
A.	**Variáveis independentes**	
I.	**Pessoal**	
1.	Idade	A idade cronológica dos inquiridos foi registada.
2.	Educação	A escala desenvolvida por Pandya e Pandya (2008) foi utilizada com as devidas modificações.
II.	**Sócio-económico**	
1.	Exploração de terras	A terra total possuída pela família dos camponeses foi registada em hectares.
2.	Rendimento anual	Foi registado o rendimento familiar anual efetivo dos camponeses.
3.	Hábito de migração	Foi desenvolvido um calendário de estruturação.
4.	Participação social	A escala desenvolvida por Pandya e Pandya (2008) foi utilizada com as devidas modificações.
III.	**Comunicação**	
1.	Fontes de informação	Foi desenvolvido um calendário de estruturação.
IV.	**Psicológico**	
1.	Nível de aspiração	A escala desenvolvida por Cantriil (1965) foi utilizada com as devidas modificações.
2.	Motivação económica	A escala desenvolvida por Supe (1969) foi utilizada com as devidas modificações.
3.	Orientação para o risco	A escala desenvolvida por Supe (1969) foi utilizada com as devidas modificações.
4.	Orientação científica	A escala desenvolvida por Supe (1969) foi utilizada com as devidas modificações.
5.	Atitude em relação ao projeto de desenvolvimento tribal integrado	A escala desenvolvida por Patel (2011) foi utilizada com as devidas modificações.
B.	**Variáveis dependentes**	
1.	Agricultura Modernização	A escala foi desenvolvida.
2.	Impacto sócio-técnico-económico	A escala desenvolvida por Chauhan (1994) foi utilizada com as devidas modificações.

4.4.2 MEDIÇÃO DAS VARIÁVEIS INDEPENDENTES

4.4.2.1 Variáveis pessoais

4.4.2.1.1 Idade

A idade dos inquiridos foi operacionalizada como o número de anos completos na altura da entrevista. Os inquiridos foram classificados em três grupos: jovens (18 a 35 anos), meia-idade (36 a 50 anos) e idosos (mais de 50 anos).

4.4.2.1.2 Educação

A educação foi operacionalizada como a educação formal frequentada pelos inquiridos. Foi medida com a ajuda da escala desenvolvida por Pandya e Pandya (2008) com algumas modificações. Os inquiridos foram classificados em seis categorias. O sistema de pontuação foi o seguinte

N.º Sr.	Categoria	Pontuação
1	Analfabeto	0
2	Literacia funcional (sabe ler e escrever)	1
3	Ensino primário (até 7th standard)	2
4	Ensino médio (8th a 10th standard)	3
5	Ensino secundário superior (11th a 12th standard)	4
6	Faculdade/ Pós-graduação	5

4.4.2.2 Variáveis socioeconómicas

4.4.2.2.1 Propriedade fundiária

Trata-se de um fator importante, que determina o estatuto económico e a potencialidade de um agricultor para adotar novas práticas. A dimensão da propriedade fundiária foi operacionalizada como a terra total que um indivíduo cultiva. Foi medida pelo número efetivo de hectares de terra possuídos e cultivados pelos agricultores. Com base na posse da terra, os agricultores foram classificados como marginais (até 1 ha), pequenos (1,01 a 2,0 ha) e médios (acima de 2,00 ha).

4.4.2.2.2 Rendimento anual

Os inquiridos, de acordo com o seu rendimento anual, foram classificados nos três grupos seguintes.

N.º Sr.	Categoria	Rendimento anual (Rs)
1	Baixa	Até 50.000/-
2	Médio	50,001 a 1,00,000/-
3	Elevado	Mais de 1,00,000/-

4.4.2.2.3 Hábito de migração

Refere-se ao período total de migração dos membros da família dos camponeses num ano para obterem um rendimento extra para a sua subsistência. Foi medido pelo número de membros da família que migraram multiplicado pela duração da migração (meses).

Pontuação do hábito de migração = Número de famílias X Duração da migração
membros migrados (meses/ano)

4.4.2.2.4 Participação social

As informações relativas à participação dos camponeses tribais em organizações formais foram recolhidas e quantificadas com base no sistema de pontuação seguido por Pandya e Pandya (2008).

N.º Sr.	Participação social	Pontuação
1	Sem adesão	0
2	Ser membro de uma organização	1
3	Ser membro de mais de uma organização	2
4	Posição na organização	3

4.4.2.3 Variáveis comunicacionais

4.4.2.3.1 Fontes de informação

As fontes de informação foram operacionalizadas como as fontes através das quais os agricultores obtêm informações sobre as novas tecnologias agrícolas modernas. A utilização das fontes de informação foi medida tendo em consideração todas as fontes possíveis, nomeadamente: fontes formais, fontes informais, meios de comunicação social e outras fontes disponíveis para os agricultores. Foram enumeradas 15 fontes através da análise da literatura e em consulta com o pessoal académico. Foi pedido a cada inquirido que classificasse cada fonte numa escala contínua de três pontos, a saber, sempre utilizada, por vezes utilizada e nunca utilizada, com uma pontuação de 3, 2 e 1, respetivamente. Os inquiridos foram agrupados em três categorias: fontes de informação de baixo nível $< (\bar{x} - SD)$, fontes de informação de nível médio (entre $\bar{x} \pm SD$) e fontes de informação de nível elevado) $> (\bar{x} + SD)$.

4.4.2.4 Variáveis psicológicas

4.4.2.4.1 Nível de aspiração

Uma aspiração é definida como a estimativa realista do inquirido, onde pensa poder chegar na escada da vida, daqui a cinco anos. Para medir o nível de aspiração, foi utilizada a escala de esforço de auto-ancoragem desenvolvida por Cantrill (1965). Foi mostrada a cada inquirido uma figura de escada com 10 degraus, com a explicação de que o topo da escada representa a melhor vida possível (pontuação 10) e a base representa a pior vida possível para um indivíduo (pontuação 1). Foram atribuídas as pontuações correspondentes ao degrau indicado pelo inquirido e as pontuações relativas ao presente, ao passado e ao futuro foram somadas para obter a pontuação do nível de aspiração. Com um procedimento de pontuação de 10 pontos para cada um dos domínios presente, passado e futuro, a pontuação total variava entre 3 e 30. Os inquiridos foram agrupados em três categorias: baixo nível de aspiração $< (\bar{x} - SD)$, nível médio de aspiração, (entre $\bar{x} \pm SD$) e alto nível de aspiração $> (\bar{x} + SD)$.

4.4.2.4.2 Motivação económica

A motivação económica é definida como o sucesso profissional em termos de maximização do lucro e o valor relativo que um indivíduo atribui aos fins económicos. O grau de motivação económica dos inquiridos foi medido com a escala desenvolvida por Supe (1969). A escala é constituída por seis afirmações, das quais as cinco primeiras são positivas e a sexta é negativa. As respostas dos inquiridos foram obtidas em relação a cada afirmação em termos de concordância ou discordância. As afirmações positivas foram classificadas com 5, 4, 3, 2 e 1 para "concordo totalmente", "concordo", "indeciso", "discordo" e "discordo totalmente", respetivamente. O sistema de pontuação foi invertido no caso das afirmações negativas. Os inquiridos foram agrupados em três categorias: motivação económica baixa $< (x - DP)$, motivação económica média (entre $x \pm DP$) e motivação económica elevada $> (x + DP)$.

4.4.2.4.3 Orientação para os riscos

Refere-se ao grau em que um indivíduo está orientado para o risco e a incerteza e tem coragem para enfrentar os problemas na agricultura. Foi medida com a ajuda da escala de orientação para o risco desenvolvida por Supe (1969). A escala é constituída por seis afirmações, sendo quatro positivas e duas negativas. As respostas dos inquiridos foram obtidas em relação a cada afirmação, em termos de concordância ou discordância. As afirmações positivas foram pontuadas com 5, 4, 3, 2 e 1 para "concordo totalmente", "concordo indeciso", "discordo" e "discordo totalmente", respetivamente. No caso das afirmações negativas, os sistemas de pontuação foram utilizados de forma inversa. Os inquiridos foram agrupados em três categorias: orientação para baixo risco $< (\bar{x} - SD)$, orientação para médio risco, (entre $\bar{x} \pm SD$) e orientação para alto risco $> (\bar{x} + SD)$.

4.4.2.4.4 Orientação científica

Caracteriza-se por uma crença na ciência e numa abordagem científica para resolver os problemas da agricultura. A escala desenvolvida por Supe (1969) foi adoptada neste estudo para medir o grau em que os agricultores estão orientados para a utilização de métodos científicos na sua atividade agrícola e na tomada de decisões. A escala consiste em seis afirmações, das quais uma é negativa, enquanto as restantes são positivas. As respostas dos inquiridos foram obtidas em relação a cada afirmação em termos de concordância ou discordância numa escala contínua de cinco pontos que varia entre concordar fortemente, concordar indeciso, discordar e discordar fortemente. As afirmações positivas foram pontuadas com 5, 4, 3, 2 e 1 para concordo totalmente, concordo, indeciso, discordo e discordo totalmente, ao passo que o sistema de pontuação foi invertido no caso das afirmações negativas. Os inquiridos foram agrupados em três categorias, *a saber,* orientação científica baixa $< (\bar{x} - SD)$, orientação científica média, (entre $\bar{x} \pm SD$) e orientação científica elevada $> (\bar{x} + SD)$.

4.4.3 Medição das variáveis dependentes

Duas variáveis, nomeadamente, a modernização agrícola e as mudanças sócio-técnicas e económicas ocorridas entre as tribos devido à implementação do ITDP foram consideradas como variáveis dependentes.

4.4.3.1 CONSTRUÇÃO DE UMA ESCALA PARA MEDIR A MODERNIZAÇÃO AGRÍCOLA DOS AGRICULTORES TRIBONAIS: Uma escala para medir a modernização agrícola dos agricultores tribais foi desenvolvida usando o Método de Ordem de Classificação Normalizada recomendado por Guilford (1954). O método consiste nas seguintes etapas

4.4.3.1.1 Identificação dos indicadores

Os possíveis indicadores de modernização agrícola foram identificados após a análise da literatura relacionada. Após um exame minucioso e uma compreensão abrangente, estes indicadores foram consultados com os peritos. Finalmente, dezassete possíveis indicadores de modernização agrícola foram considerados para a escala. Os indicadores foram então distribuídos a juízes de diferentes disciplinas.

4.4.3.1.2 Seleção dos juízes

Um grupo de 102 peritos, pensadores, pedagogos e administradores de 11 universidades agrícolas estatais de diferentes estados, *nomeadamente* Gujarat, Rajasthan, Maharashtra, Punjab, Nova Deli, Haryana, Tamil Nadu, Andhra Pradesh, Karnataka, Himachal Pradesh, Uttar Pradesh, *etc., foram selecionados como juízes para desenvolver a escala de modernização agrícola.* O Centro de Estudos Avançados em Extensão Agrícola do Instituto Indiano de Investigação Agrícola, Nova Deli, e outras instituições relacionadas foram selecionadas como juízes para desenvolver a escala de modernização agrícola.

4.4.3.1.3 Parecer do júri

Foi enviada por correio uma carta oficial a todos os juízes selecionados, pedindo-lhes que dessem a sua valiosa opinião sobre a relevância e a importância dos indicadores enumerados para desenvolver a escala de modernização agrícola para os agricultores tribais. Dos 102 juízes, 70 (62,50%) responderam dentro de um prazo estipulado de dois meses a partir da data de envio. A sua opinião foi tida em consideração para a análise dos itens.

4.4.3.1.4 Relevância dos itens da escala

Para avaliar a relevância dos principais indicadores, foi pedido aos juízes que atribuíssem uma classificação aos indicadores selecionados de acordo com a sua importância relativa na medição da modernização agrícola dos agricultores tribais. Os indicadores considerados relevantes por mais de 75% dos juízes foram considerados como itens relevantes para a construção da escala.

4.4.3.1.5 Classificação dos indicadores selecionados

Para obter a classificação dos indicadores selecionados da escala, foi utilizada a mesma opinião dos juízes. Foi pedido aos juízes que classificassem os indicadores selecionados de acordo com a sua importância relativa para medir a modernização agrícola dos agricultores tribais. Por fim, foram selecionados indicadores importantes com base na classificação que obtiveram. Dos dezassete indicadores, treze foram selecionados e quatro foram desclassificados. Os pormenores relativos aos indicadores selecionados constam do Anexo II.

4.4.3.1.6 Análise de itens

Depois de receber as respostas dos juízes, foi elaborada uma tabela principal e os dados foram tabulados com base na opinião do júri.

4.4.3.1.7 Cálculo do valor da escala

A fim de determinar o valor da escala de cada item classificado pelos juízes, foi calculada a posição do percentil "P" com base no método sugerido por Guilford (1954). Os valores "C" (valores determinados para cada valor de centil), os valores Rj e, finalmente, os valores de escala, *ou seja,* os valores Rc, foram calculados através da seguinte fórmula

$$Rc = 2{,}357\ Rj - 7{,}01$$

Os indicadores que obtiveram um ou mais valores positivos na escala (Rc) foram considerados como indicadores relevantes para inclusão na escala. Todos os treze indicadores principais obtiveram mais de um valor positivo, pelo que todos os indicadores foram finalmente selecionados para a escala.

4.4.3.1.8 Identificação dos subpontos (declarações)

Para cada indicador principal de modernização agrícola identificado, foram identificados subitens (afirmações) com base em análises anteriores e discussões com os membros do comité consultivo. Estas afirmações foram depois discutidas com outro conjunto de 30 peritos locais, incluindo professores, cientistas, pessoal de extensão, etc., através da organização de uma conferência. Foi-lhes pedido que acrescentassem ou suprimissem subpontos da lista. Além disso, foi-lhes pedido que pontuassem cada um dos subitens de acordo com a sua importância para a medição do indicador principal de modernização agrícola. Por fim, cada subitem foi classificado.

4.4.3.1.9 Fiabilidade da escala

Para determinar a fiabilidade da escala, foi utilizada a técnica de fiabilidade "split half", que é muito utilizada. Esta técnica fornece o coeficiente de consistência interna. De acordo com o método, a escala foi dividida em duas partes iguais, *ou seja,* com números pares de um lado e números ímpares do outro. A escala foi administrada a 60 agricultores tribais, que não foram incluídos no estudo final como amostra.

Os dois conjuntos de índices de modernização agrícola para cada um dos 60 agricultores tribais foram introduzidos como uma escala completa e a correlação entre as duas subescalas foi calculada utilizando a fórmula do coeficiente de correlação do momento do produto de Pearson. O valor 'r' de 0,674 foi significativo ao nível de significância de 0,01, indicando que a escala era fiável.

4.4.3.1.10 Validade da escala

A validade da escala foi confirmada pela validade de conteúdo.

4.4.3.1.10.1 Validade do conteúdo

De acordo com Kerlinger (1976), a validade de conteúdo é a representatividade ou a adequação da amostragem do conteúdo, da substância, da matéria e do tópico do instrumento de medida. Além disso, afirmou que a validação de conteúdo consiste no julgamento, por um juiz sozinho e/ou com outros, da representatividade dos itens. No presente estudo, os indicadores incluídos na escala só foram obtidos após uma validação alargada e crítica pelo painel de juízes.

4.4.3.2 Desenvolvimento do índice de modernização agrícola

Por modernização agrícola entende-se a melhoria do sistema agrícola, das infra-estruturas, a adoção de práticas de cultivo, a diversificação das culturas, o processo de valorização, etc.

A modernização da agricultura não é um problema puramente tecnológico ou económico. Depende frequentemente de uma compreensão da sociedade em que se insere.

Para medir a modernização agrícola dos agricultores tribais, foi desenvolvida uma escala. A escala consiste em treze critérios principais, nomeadamente, inovação, cosmopolitismo, grau de utilização dos meios de comunicação social, padrão de cultivo, seleção de sementes, adoção de um sistema de micro-irrigação, comercialização de produtos agrícolas e lácteos, disponibilidade de maquinaria e alfaias modernas, adoção de uma gestão integrada de nutrientes, utilização de fertilizantes orgânicos, instalações de armazenamento, grau de utilização de medidas fitossanitárias e adoção de melhores práticas leiteiras. Os critérios selecionados, depois de discutidos com os peritos em Educação para a Extensão, Economia Agrícola e Agronomia, foram finalmente incluídos na escala. Todos os indicadores possíveis foram enquadrados/incluídos de forma a obter uma resposta precisa e cada critério foi pontuado através de um método de conferência com a participação dos professores. Finalmente, foi determinada a pontuação total do índice de modernização agrícola.

Quadro: 3 Pontuação determinada para cada indicador de modernização agrícola.

N.º Sr.	Principais critérios para a modernização da agricultura	Pontuação máxima atribuída pelos juízes
1.	Inovação	08
2.	Cosmopolitismo	07
3.	Grau de utilização dos meios de comunicação social	10
4.	Padrão de cultivo	15
5.	Seleção de sementes	11
6.	Adoção do sistema de micro irrigação	06
7.	Comercialização de produtos agrícolas e lácteos	28
8.	Máquinas e alfaias modernas disponíveis	46
9.	Adoção da gestão integrada de nutrientes	14
10.	Utilização de fertilizantes orgânicos	15
11.	Armazém	10
12.	Grau de adoção de medidas fitossanitárias	06
13.	Adoção de práticas leiteiras melhoradas	36
Total :		**212**

Depois de obter as pontuações de modernização agrícola utilizando o instrumento desenvolvido, Foi calculado um índice de modernização agrícola (IAM) para cada inquirido, utilizando a seguinte fórmula

$$\text{AMI} = \frac{\Sigma \ \text{Score obtained for the indicator} \ \times \ \text{Scale value of the indicator}}{\Sigma \ \text{Maximum score for the indicator} \ \times \ \text{Scale value of the indicator}} \times 100$$

Pontuação obtida para o valor do indicador na escala Xindicador

AMI = X 100

Pontuação máxima para o   valorScale do

indicadorindicador

Os inquiridos foram categorizados em Índice de Modernização Agrícola (IAM) baixo, médio e alto, utilizando ± S.D. da Média (X), como se segue.

N.º Sr.	Categoria	Gama de AMI
(1)	AMI baixo	< Média - S.D.
(2)	Média AMI	Entre Média ± S.D.
(3)	AMI elevado	> Média + S.D.

4.4.3.3 Alterações sócio-técnicas e económicas

Webster descreve o impacto como a força, a impressão ou a operação de uma coisa sobre a outra, que afecta o controlo forçado e a colusão. Neste estudo, o impacto sócio-técnico-económico é definido operacionalmente como as mudanças resultantes da operacionalização do Projeto Integrado de Desenvolvimento Tribal em vários aspectos sócio-técnicos-económicos dos agricultores. A mudança sócio-técnico-económica foi medida com a ajuda do procedimento adotado por Chauhan (1994) em termos de dez aspectos: mudança na base tecnológica moderna, maquinaria agrícola ou instrumentos agrícolas, mudança nos artigos domésticos, mudança na poupança e no investimento, mudança no hábito alimentar, mudança no padrão de vestuário, mudança nas condições de habitação, mudança no estatuto social, mudança nas relações sociais, mudança na autossuficiência e mudança na tecnologia. O procedimento de pontuação seguido para estes aspectos é o seguinte.

4.4.3.3.1 Mudança na base tecnológica moderna das máquinas agrícolas / alfaias agrícolas

As máquinas agrícolas/alfaias agrícolas de base tecnológica moderna adquiridas pelos camponeses nos últimos cinco anos foram consideradas como a mudança nas máquinas agrícolas/alfaias agrícolas de base tecnológica moderna. A pontuação foi efectuada com base no custo da maquinaria, como indicado no Anexo-III. Com base na média e no desvio-padrão, os inquiridos foram classificados em três grupos, de acordo com o grau de mudança nas máquinas/implementos agrícolas de base tecnológica moderna: baixo, médio e alto.

4.4.3.3.2 Mudança nos artigos do agregado familiar

Os artigos domésticos adicionais adquiridos pelos agricultores nos últimos cinco anos foram considerados como a alteração dos artigos domésticos. O procedimento de pontuação foi seguido com base no custo dos artigos domésticos, como indicado no Apêndice IV.

Com base na média e no desvio-padrão, os inquiridos, de acordo com o grau de mudança nos artigos domésticos, foram classificados em três grupos: baixo, médio e alto.

4.4.3.3.3 Variação da poupança e do investimento

Foram incluídas no estudo oito afirmações relativas à alteração da poupança e do investimento. Foi pedido aos inquiridos que respondessem a cada afirmação. A resposta a cada afirmação era bipolar (sim ou não). Foi atribuída a pontuação de 1 e 0 à resposta "sim" e "não", respetivamente. A pontuação de cada afirmação foi adicionada para obter a pontuação final que indica a alteração na poupança e no investimento. Com base na média e no desvio-padrão, os inquiridos foram divididos em três grupos, *de* acordo com o grau de mudança na poupança e no investimento: baixo, médio e elevado.

4.4.3.3.4 Mudança de hábitos alimentares

Foram preparadas as afirmações relativas à mudança de hábitos alimentares. Pediu-se aos inquiridos que respondessem a cada afirmação em termos de "sim" ou "não". Foi atribuída uma pontuação de 1 e 0 à resposta "sim" ou "não" a cada afirmação, respetivamente. A pontuação somada foi obtida como pontuação total para a mudança de hábitos alimentares. Com base na média e no desvio padrão, os inquiridos foram divididos em três grupos, *de* acordo com o grau de mudança dos seus hábitos alimentares: baixo, médio e alto.

4.4.3.3.5 Mudança no padrão de vestuário

Foram incluídas no estudo quatro afirmações relativas à mudança de padrão de vestuário. Foi pedido aos inquiridos que respondessem a cada afirmação como "sim" ou "não". Foi atribuída a pontuação de 1 e 0 à resposta "sim" ou "não" a cada afirmação, respetivamente. Para obter a pontuação total da alteração do padrão de vestuário, somou-se a pontuação de cada afirmação. Utilizando a média e o desvio-padrão, os inquiridos, de acordo com o seu grau de mudança no padrão de vestuário, foram classificados em três grupos: baixo, médio e elevado.

4.4.3.3.6 Alteração do estado da habitação

Foram preparadas afirmações sobre a alteração das condições de habitação. Pediu-se aos inquiridos que respondessem a cada afirmação em termos de "sim" ou "não". Foi atribuída uma pontuação de 1 e 0 à resposta "sim" ou "não" a cada afirmação, respetivamente. Em seguida, a pontuação somada foi obtida como pontuação total para a alteração das condições de habitação. Os inquiridos, de acordo com o grau de alteração das condições de habitação, foram classificados em três grupos: baixo, médio e elevado, utilizando a média ± desvio-padrão.

4.4.3.3.7 Mudança de estatuto social

Foram preparadas as afirmações relativas à mudança de estatuto social. Pediu-se aos inquiridos que respondessem "sim" ou "não". Foi atribuída uma pontuação de 1 e 0 à resposta "sim" ou "não" a cada afirmação, respetivamente. A pontuação em cada afirmação foi adicionada para obter a pontuação final que indica a alteração do estatuto social dos inquiridos. Com base na média e no desvio-padrão, os inquiridos foram classificados em três grupos, *de* acordo com o grau de mudança do seu estatuto social: baixo, médio e elevado.

4.4.3.3.8 Mudança nas relações sociais

Foram preparadas quatro afirmações relativas à mudança na relação social. Foi pedido aos inquiridos que respondessem em três pontos: "próximo", "mais ou menos próximo" e "nada", sendo a pontuação atribuída de 2, 1 e 0, respetivamente. A pontuação de um camponês individual sobre a mudança nas relações sociais foi calculada somando as pontuações obtidas por ele nas quatro afirmações. Os inquiridos, de acordo com o grau de mudança nas relações sociais, foram classificados em três grupos: baixo, médio e alto.

4.4.3.3.9 Alteração da autossuficiência

A mudança na autossuficiência foi medida com a ajuda de seis afirmações e as respostas dos inquiridos foram obtidas em relação a cada afirmação em termos de "sim" e "não". O procedimento de pontuação foi 1 e 0 para as respostas "sim" e "não", respetivamente. Foi calculada uma pontuação individual sobre a alteração da autossuficiência através da soma das pontuações obtidas pelo inquirido em seis afirmações. Utilizando a média e o desvio-padrão, os inquiridos foram classificados em três grupos, de acordo com o seu grau de mudança na autossuficiência: baixo, médio e elevado.

4.4.3.3.10 Mudança tecnológica

A mudança tecnológica foi medida com a ajuda de dezoito afirmações e as respostas dos inquiridos a cada afirmação foram obtidas em termos de "sim" e "não". O procedimento de pontuação foi 1 e 0 para as respostas "sim" e "não", respetivamente. Uma pontuação individual sobre a mudança na adoção de tecnologia agrícola foi calculada somando a pontuação obtida por ele em dezoito afirmações. Os inquiridos, utilizando a média ± desvio padrão, de acordo com o seu grau de mudança tecnológica, foram classificados em três grupos: baixo, médio e alto.

4.4.3.4 Mudança global sócio-técnica-económica

Neste estudo, foram considerados dez aspectos para determinar as mudanças sócio-técnicas e económicas nas tribos. A pontuação de cada aspeto foi adicionada para medir a mudança sociotécnica. Os inquiridos foram classificados em três grupos de mudanças sociotécnicas, a saber . - .. .

(i) Baixa $< (\bar{x} - SD)$

(ii) Média entre (x ± DP) -

(iii) Elevado> (x + DP)

4.5 Atitude dos agricultores tribais em relação ao projeto de desenvolvimento tribal integrado

Refere-se ao grau de efeito positivo ou negativo associado a um determinado objeto psicológico (Thurstone, 1946). O objeto psicológico para o presente estudo foi conceptualizado como Projeto de Desenvolvimento Tribal Integrado. Por conseguinte, a atitude no presente estudo significa uma reação negativa ou positiva dos camponeses tribais em relação ao Projeto de Desenvolvimento Tribal Integrado. A escala desenvolvida por Patel (2011) foi utilizada para medir a atitude dos agricultores em relação ao Projeto de Desenvolvimento Tribal Integrado. A escala é constituída por catorze afirmações, das quais quatro são negativas e as restantes são positivas. As respostas dos inquiridos foram obtidas em relação a cada afirmação em termos de concordância ou discordância numa escala contínua de cinco pontos que varia entre concordar fortemente, concordar, indeciso, discordar e discordar fortemente. As afirmações positivas foram pontuadas com 5, 4, 3, 2 e 1 para concordo totalmente, concordo, indeciso, discordo e discordo totalmente, respetivamente, ao passo que o sistema de pontuação foi invertido no caso das afirmações negativas. Os inquiridos foram agrupados em três categorias, como se segue.

Menos favorável $< (\bar{x} - SD)$

Favorável $(\bar{x} \pm SD)$

Altamente favorável $> (\bar{x} + SD)$

4.6 Constrangimentos enfrentados pelos agricultores tribais na obtenção de benefícios ao abrigo do Projeto Integrado de Desenvolvimento Tribal

Por constrangimento entende-se as dificuldades ou restrições que impedem a obtenção de benefícios ao abrigo do Projeto Integrado de Desenvolvimento Tribal. Para determinar os condicionalismos, os inquiridos foram convidados a responder a uma pergunta aberta sobre as dificuldades que enfrentam para obter benefícios no âmbito do Projeto Integrado de Desenvolvimento Tribal. A intensidade de cada um dos condicionalismos foi calculada em percentagem de acordo com a frequência dos inquiridos em relação aos condicionalismos e, finalmente, a classificação foi atribuída a cada condicionalismo com base na percentagem.

4.7 Sugestões dos inquiridos tribais para ultrapassar os constrangimentos que enfrentam para obter benefícios no âmbito do Projeto de Desenvolvimento Tribal Integrado Foi também feita uma tentativa de documentar as sugestões dos inquiridos tribais para ultrapassar os constrangimentos que enfrentam para obter benefícios no âmbito do Projeto de Desenvolvimento Tribal Integrado. As sugestões dos inquiridos foram obtidas através de uma simples pergunta aberta. Foi-lhes pedido que oferecessem uma possível solução sob a forma de sugestões para ultrapassar os constrangimentos que enfrentam para obter benefícios no âmbito do Projeto de Desenvolvimento Tribal Integrado. Foi atribuída uma ordem de classificação a cada sugestão de acordo com as frequências e a percentagem.

4.8 Elaboração de um programa de entrevistas

O programa de entrevistas foi elaborado de forma a abranger todos os aspectos pertinentes relacionados com os objectivos. Para elaborar o programa de entrevistas, o investigador utilizou a literatura disponível e também obteve orientação do guia principal, do comité consultivo, do pessoal do departamento de ensino de extensão e de outros peritos da Universidade Agrícola de Saradarkrushinagar Dantiwada.

4.9 Pré-teste de um programa de entrevistas

O programa de entrevistas foi pré-testado com 20 agricultores não incluídos na amostra e, com base na experiência adquirida, foram incorporadas as alterações necessárias no projeto final do instrumento de recolha de dados.

4.10 Recolha de dados

Os dados foram recolhidos com a ajuda de um guião de entrevista, juntamente com as escalas adequadas para medir as variáveis dependentes e independentes. O programa de entrevistas foi elaborado tendo em conta os objectivos do estudo. O programa de entrevistas foi traduzido para a língua gujarati e pré-testado no terreno junto de 20 inquiridos não incluídos na amostra. Com base no pré-teste, foram introduzidas as alterações necessárias no projeto final, que foi utilizado como instrumento de recolha de dados.

Os inquiridos foram contactados pessoalmente no seu local de trabalho ou na sua residência de uma forma informal durante os meses de junho e julho de 2017. Antes da entrevista, o investigador apresentou-se aos inquiridos e foram-lhes explicados os objectivos do estudo, a fim de facilitar respostas livres. Foram tomadas todas as precauções possíveis para estabelecer uma boa relação com os agricultores inquiridos, a fim de assegurar a sua plena cooperação na recolha de informações fiáveis e válidas.

4.11 Análise estatística dos dados

Os dados recolhidos foram classificados, tabulados e submetidos a análise estatística utilizando os seguintes métodos estatísticos.

4.11.1 Percentagem

As interpretações simples foram efectuadas com base na frequência e na percentagem.

4.11.2 Média aritmética ($\bar{X}$)

Foi obtido dividindo a pontuação total pelo número de inquiridos.

$$\bar{X} = \frac{\Sigma X_i}{n}$$

4.11.3 Desvio padrão (S.D.)

O desvio-padrão foi utilizado para classificar os inquiridos em diferentes categorias.

$$S.D. = \sqrt{\frac{\Sigma (X_i - \bar{X})^2}{n-1}}$$

Onde,

$\bar{X}$ =Média geral

X_i =Valores observados

n=Número de inquiridos

S.D.=desvio-padrão

4.11.4 Coeficiente de correlação (r)

O coeficiente de correlação foi calculado para determinar a associação entre cada uma das variáveis independentes e as variáveis dependentes. O coeficiente de correlação fornece dois tipos de informação: (I) a magnitude da relação e (II) informação sobre a direção da associação (se é positiva ou negativa).

Foi calculado através da seguinte fórmula.

$$r = \frac{\Sigma XY - \frac{(\Sigma X)(\Sigma Y)}{n}}{\sqrt{\left[\Sigma X^2 - \frac{(\Sigma X)^2}{n}\right]\left[\Sigma Y^2 - \frac{(\Sigma Y)^2}{n}\right]}}$$

Onde,

r=Coeficiente de correlação

Σ =Somatização

X=Variável independente

Y=Variável dependente

n=Número de inquiridos

4.11.5 Análise de regressão múltipla

Esta análise foi efectuada para conhecer o efeito combinado de todas as variáveis independentes na explicação da variação da variável dependente. Foi utilizada a seguinte equação de previsão com a ajuda de um computador.

$$\hat{Y}_i = a + b_1X_1 + b_2X_2 + b_3X_3 + \ldots\ldots\ldots + b_kX_k + e_i$$

Onde,

$\hat{Y}_i$ = Variável dependente prevista

a = Interceção

bk = Coeficiente de regressão parcial das respectivas variáveis independentes K^{th}

Xk = K^{th} variáveis independentes

ei = termo de erro

4.11.6 Análise de regressão stepwise

A análise de regressão stepwise (regressão múltipla) foi utilizada para prever a modernização agrícola e o impacto socioeconómico das variáveis independentes.

A equação de previsão utilizada é :

$$\hat{Y} = a + b_1X_1 + b_2X_2 + b_3X_3 + \ldots\ldots\ldots\ldots + b_kX_k + ei$$

Onde,

$\hat{Y}$ = Variável dependente prevista

a= Interceção

b1, , b_k = Coeficiente de regressão parcial entre K^{th} independentes com variáveis dependentes (Y)

X1,...., X_k = K^{th} Variáveis independentes

Após o ajuste da equação de regressão, o coeficiente de regressão parcial foi testado pelo teste "F" para verificar a sua significância.

$$t = \frac{b_i}{SE\ of\ b_i}$$

$$SE\ of\ b_i = \frac{b_i}{\sqrt{SE\ of\ bi}} = \frac{b_i}{\sqrt{Ex^2/n-2}} = \frac{b_i\sqrt{n-2}}{\sqrt{Ex^2}}$$

4.11.7 Coeficiente de regressão parcial padrão (SPRC)

As diferentes variáveis independentes têm a sua própria unidade de medida, o que não permitiu uma comparação do valor do coeficiente de regressão parcial (b_i). Para facilitar as comparações, os valores do coeficiente de regressão parcial (byi.j) foram convertidos em valores do coeficiente de regressão parcial padrão (b'_i), que não têm unidades de medida. Para atribuir a classificação às várias variáveis independentes selecionadas, foi utilizado o coeficiente de regressão parcial padrão (b'_i). Foi calculado através da seguinte fórmula.

$$b'_i = b_i \ x \ \frac{S_X}{S_Y} X\ 100$$

Onde,

b'_i = Coeficiente de regressão parcial normalizado

b_i = Coeficiente de regressão parcial

s_{Xi} = S.D. de i^{th} variável independente (x_i)

s_Y = S.D. da variável dependente (Y)

A comparação de quaisquer dois coeficientes de regressão parcial padrão indica a importância relativa das variáveis independentes envolvidas na previsão do comportamento racional. A significância do coeficiente de regressão parcial foi testada pela estatística "t".

4.11.8 Análise da trajetória

Para conhecer a relação de causa e efeito entre duas variáveis, procedeu-se à análise do coeficiente de caminho, de acordo com o procedimento descrito por Dewey e Lu (1959), utilizando as estimativas dos coeficientes de correlação. Os coeficientes de correlação das variáveis independentes com a modernização da agricultura e a mudança sociotécnica foram utilizados para estimar o coeficiente de caminho para o efeito indireto de várias variáveis independentes na modernização da agricultura e na mudança sociotécnica.

Os coeficientes de trajetória foram obtidos através da resolução de um conjunto de equações simultâneas a seguir apresentadas.

$$\begin{aligned}
r_{1y} &= p_{1y} + r_{12y}p_{2y} + r_{13y}p_{3y} + \dots\ r_{1iy}p_{iy} + \dots + r_{1ny}p_{ny} \\
r_{2y} &= p_{2y} + r_{21y}p_{1y} + r_{23y}p_{3y} + \dots\ r_{2iy}p_{iy} + \dots + r_{2ny}p_{ny} \\
&\vdots \\
r_{iy} &= p_{iy} + r_{i1y}p_{1y} + r_{i3y}p_{3y} + \dots\ r_{i(i-1)y}p_{iy} + \dots + r_{iny}p_{ny} \\
&\vdots \\
r_{ny} &= p_{ny} + r_{n1y}p_{2n} + r_{n3y}p_{3n} + \dots\ r_{n(n-1)y}p_{ny} + \dots + r_{nny}p_{ny}
\end{aligned}$$

r_{1y} para r_{iy} = Coeficiente de correlação entre K^{th} variáveis independentes e a variável dependente (Y)

r_{i3} a $r_{i(i-1)}$ = Coeficiente de correlação entre variáveis independentes

p_{iy} a p_{ny} = Efeito direto das variáveis independentes de 1 a n em variável dependente (Y) (coeficientes de trajetória)

As equações acima escritas em forma de matriz são as seguintes

As equações acima foram escritas numa forma matricial e são as seguintes

Matriz-A Matriz-CMatriz-B

Matrix-A Matrix-C Matrix-B

$$
\begin{pmatrix} r_{1y} \\ r_{2y} \\ r_{3y} \\ \vdots \\ r_{iy} \\ \vdots \\ r_{ny} \end{pmatrix}
=
\begin{pmatrix}
1 & r_{12} & r_{13} & \cdots & r_{1i} \\
r_{21} & 1 & r_{23} & \cdots & r_{2i} \\
r_{31} & r_{32} & 1 & \cdots & r_{3i} \\
\vdots & \vdots & & & \vdots \\
r_{i1} & r_{i2} & r_{i3} \cdots 1 & \cdots & r_{in} \\
\vdots & \vdots & & & \vdots \\
r_{n1} & r_{n2} & r_{n3} \cdot r_{ni} & \cdots & 1
\end{pmatrix}
\times
\begin{pmatrix} p_{1y} \\ p_{2y} \\ p_{3y} \\ \vdots \\ p_{iy} \\ \vdots \\ p_{ny} \end{pmatrix}
$$

Com a ajuda da inversão de matrizes, obteve-se a seguinte forma de matriz C invertida.

$$B = C^{-1} A$$

Onde,

$$
C^{-1} =
\begin{pmatrix}
C_{11} & C_{12} & C_{13} & \cdots & C_{1i} & \cdots & C_{1n} \\
C_{21} & C_{22} & C_{23} & \cdots & C_{2i} & \cdots & C_{2n} \\
C_{31} & C_{32} & C_{33} & \cdots & C_{3i} & \cdots & C_{3n} \\
\vdots & \vdots & \vdots & & \vdots & & \vdots \\
C_{i1} & C_{i2} & C_{i3} & \cdots & C_{ii} & \cdots & C_{in} \\
\vdots & \vdots & \vdots & & \vdots & & \vdots \\
C_{n1} & C_{n2} & C_{n3} & \cdots & C_{ni} & \cdots & C_{nn}
\end{pmatrix}
$$

Os efeitos diretos foram calculados da seguinte forma.

$$p_{1y} = \sum_{i=1}^{n} C_{1i} \times r_{iy}$$

$$p_{2y} = \sum_{i=1}^{n} C_{2i} \times r_{iy}$$

$$p_{3y} = \sum_{i=1}^{n} C_{3i} \times r_{iy}$$

$$\vdots \qquad \vdots \qquad \vdots$$

$$p_{iy} = \sum_{i=1}^{n} C_{ii} \times r_{iy}$$

$$\vdots \qquad \vdots \qquad \vdots$$

$$p_{ny} = \sum_{i=1}^{n} C_{ni} \times r_{iy}$$

Os efeitos indirectos foram calculados tomando os produtos dos coeficientes de correlação entre as duas variáveis correspondentes e o coeficiente de caminho (efeito direto) que liga o efeito causal à modernização agrícola (Y_1) e à mudança sócio-técnica-económica (Y_2).

$$R = [\, 1 - (p_{iy}\, r_{iy})\,]^{1/2}$$

Onde,

$P_{iy}\, r_{iy} = P_{1y}\, r_{iy} + P_{2y}\, r_{2y} + \text{- - -} + P_{ny}\, r_{ny} = R2$

R2 = Coeficiente de determinação.

V. RESULTADOS E DISCUSSÃO

Os dados relativos a este estudo foram recolhidos junto dos agricultores tribais sob a jurisdição do Projeto de Desenvolvimento Tribal Integrado, através de um programa de entrevistas estruturado. Os dados recolhidos foram classificados, tabulados e analisados à luz dos objectivos do estudo. Os factos e conclusões obtidos após a análise da informação foram apresentados sob os seguintes títulos e discutidos no capítulo.

5.1 Construção de uma escala para medir a modernização agrícola dos agricultores tribais.

5.2 Percentagem dos principais indicadores e sua importância na modernização da agricultura.

5.3 Perfil dos agricultores tribais.

5.4 Atitude dos agricultores tribais em relação ao Projeto Integrado de Desenvolvimento Tribal.

5.5 Nível de modernização agrícola dos agricultores tribais.

5.6 Impacto do Projeto Integrado de Desenvolvimento Tribal em termos de mudança sócio-técnico-económica entre os agricultores tribais.

5.7 Relação entre variáveis independentes selecionadas e a modernização agrícola.

5.8 Relação entre variáveis independentes selecionadas e mudança sócio-técnica-económica.

5.9 Constrangimentos enfrentados pelos agricultores tribais na obtenção de benefícios no âmbito do projeto de desenvolvimento tribal integrado.

5.10 Sugestões apresentadas pelos agricultores tribais para ultrapassar os obstáculos que enfrentam para obterem benefícios no âmbito do projeto de desenvolvimento tribal integrado.

5.11 CONSTRUÇÃO DE UMA ESCALA PARA MEDIR A MODERNIZAÇÃO AGRÍCOLA DOS AGRICULTORES TRIBAIS:

Para construir a escala de modernização agrícola, os vários procedimentos seguidos são discutidos abaixo nos seguintes subtítulos:

5.1.1 Identificação dos indicadores

Para identificar os constituintes básicos da modernização agrícola, foi recolhido um bom número de itens relativos à modernização agrícola através da revisão da literatura e de discussões com pessoal académico e membros do comité consultivo. No total, foram selecionados provisoriamente dezassete itens como principais indicadores da modernização agrícola dos agricultores tribais.

Estes indicadores foram depois enviados por correio a 102 juízes, o pessoal académico, administrativo e de extensão que trabalha em várias universidades agrícolas estatais (SAU), no Instituto Indiano de Investigação Agrícola (IARI), no Conselho Indiano de Investigação Agrícola (ICAR) e noutras instituições. Foi solicitado aos juízes que indicassem se cada um dos principais indicadores que lhes foram enviados era ou não pertinente para inclusão na escala. Pediu-se também aos juízes que classificassem os indicadores pertinentes de acordo com a sua importância relativa na medição da modernização agrícola dos agricultores tribais. Foram recebidas respostas de 73 juízes. Finalmente, foram consideradas as respostas de 70 juízes, tendo sido rejeitadas as respostas de três juízes por estarem incompletas.

Os pormenores relativos aos juízes são apresentados no quadro 4.

Quadro 4: Dados relativos aos juízes

N.º Sr.	Detalhes dos juízes	Número	Percentagem
1.	Diretores	04	05.71
2.	Professores/equivalente	17	24.29
3.	Professores associados/equivalentes	19	27.15
4.	Professores auxiliares/equivalentes	22	31.42
5.	Assistente de investigação sénior	08	11.43

	Total	70	100.00

Com base na opinião dos juízes, foram finalizados os indicadores principais. Em seguida, para cada indicador principal, foram finalizados os subitens. Para a finalização dos subitens, foi contactado outro conjunto de peritos, professores e cientistas locais e foi organizada uma conferência para a determinação dos subitens. Foi-lhes pedido que acrescentassem/eliminassem subitens de uma lista previamente preparada, que considerassem adequados/não adequados para medir cada indicador principal. Além disso, foi-lhes pedido que pontuassem cada subindicador de acordo com a sua importância para medir os principais indicadores da modernização agrícola dos agricultores tribais. Com base nas suas sugestões, foram incluídas no instrumento desenvolvido para medir a modernização agrícola dos agricultores tribais um total de 100 afirmações dos treze indicadores principais identificados, com uma pontuação máxima de 212.

5.1.2 Relevância dos itens da escala

As respostas recebidas de 70 juízes apoiaram a pertinência dos treze indicadores principais. Os itens que receberam mais de 75% de respostas foram considerados relevantes para inclusão na escala. Um total de quatro indicadores, *a saber,* fontes de informação utilizadas (65,71%), grau de utilização das tecnologias de informação e comunicação (71,42%), medidas seguidas para evitar perdas pós-colheita (67,14%) e valor acrescentado (64,28%) foram considerados menos relevantes e, por conseguinte, foram retirados da escala e, finalmente, foram incluídos treze indicadores principais na escala de modernização agrícola dos agricultores tribais. Os pormenores sobre a relevância de cada item são apresentados no quadro 5.

Quadro 5: Relevância dos itens da escala, segundo a avaliação dos juízes (n = 70)

Sr.No.	Item	Relevância	
		Número	Por cento
1.	Inovação	65	92.85
2.	Cosmopolitismo	66	94.28
3.	Grau de utilização dos meios de comunicação social	64	91.42
4.	Máquinas e alfaias modernas disponíveis	62	88.57
5.	Adoção de práticas leiteiras melhoradas	58	82.85
6.	Armazém	55	78.57
7.	Padrão de cultivo	64	91.42
8.	Utilização de fertilizantes orgânicos	59	84.28
9.	Seleção de sementes	60	85.71
10.	Adoção do sistema de micro irrigação	58	82.85
11.	Adoção da gestão integrada de nutrientes	54	77.14
12.	Adoção de medidas fitossanitárias	57	81.42
13.	Comercialização de produtos agrícolas e lácteos	62	88.57

5.1.3 Obtenção de valores de escala

As classificações dos principais indicadores selecionados foram atribuídas utilizando o mesmo conjunto de juízes. Os juízes foram convidados a classificar os principais indicadores relevantes de acordo com a sua importância relativa na medição da modernização agrícola dos agricultores tribais. Com base na classificação atribuída pelos juízes a cada um dos principais indicadores selecionados e relevantes, os valores de escala de todos os principais indicadores foram calculados utilizando a abordagem de classificação normalizada, tal como sugerido por Guilford (1954). Os vários indicadores selecionados, juntamente com os respectivos valores de escala, são apresentados no Quadro 6.

Quadro 6: Valor da escala dos principais indicadores da escala de modernização agrícola (n = 70)

N.º Sr.	Indicadores	Valor da escala
1.	Inovação	6.52
2.	Cosmopolitismo	6.45
3.	Grau de utilização dos meios de comunicação social	6.18
4.	Padrão de cultivo	5.24
5.	Seleção de sementes	5.07
6.	Adoção do sistema de micro irrigação	4.70
7.	Comercialização de produtos agrícolas e lácteos	4.60
8.	Máquinas e alfaias modernas disponíveis	4.26
9.	Adoção da gestão integrada dos nutrientes	4.16
10.	Utilização de fertilizantes orgânicos	4.00
11.	Armazém	3.83
12.	Adoção de medidas fitossanitárias	3.69
13.	Adoção de práticas leiteiras melhoradas	3.22

O quadro 6 mostra que o valor mais elevado da escala foi obtido pelo indicador inovação (6,52) e que o valor mais baixo da escala foi atribuído à adoção de práticas melhoradas de produção de leite (3,22). Todos os principais indicadores e respectivos valores de escala foram indicados por ordem decrescente. Os pormenores relativos ao valor da escala calculado são apresentados no Apêndice III.

5.1.4 Fiabilidade da escala

Foi utilizado o método de fiabilidade "split-half". A escala foi administrada a 60 agricultores tribais não incluídos na amostra da zona de investigação. A pontuação dos itens alternativos foi separada e foram preparados dois conjuntos. O coeficiente de correlação foi calculado para os dois conjuntos de pontuação. O coeficiente de correlação obtido foi de 0,674, significativo a um nível de probabilidade de 1 por cento. Por conseguinte, a escala era fiável ou estável como instrumento de medição.

5.1.5 Validade da escala

A validade da escala foi confirmada pela validade de conteúdo. A validade de conteúdo da escala foi obtida de duas formas. Em primeiro lugar, os indicadores recolhidos e selecionados para inclusão na escala baseiam-se numa literatura extensa e exaustiva e, em segundo lugar, foi obtido o parecer de um painel de 70 juízes para conhecer a adequação dos indicadores a incluir na escala. Mais de 75% dos juízes aprovaram os indicadores propostos como pertinentes, o que indica que a escala é válida. **5.1.6 Cálculo do índice de modernização agrícola**

Para calcular o índice de modernização agrícola para cada inquirido, cada item da escala foi primeiro classificado para esse indicador principal específico, depois o valor real da escala da pontuação obtida foi multiplicado pelo valor da escala e, finalmente, o índice de modernização agrícola (IAM) foi calculado utilizando a seguinte fórmula

Pontuação obtida para o valorScale do indicadorindicador

AMI = X 100

Pontuação máxima para o valorScale do indicadorindicador

5.12 Percentagem dos principais indicadores e sua importância na modernização da agricultura

A fim de determinar a importância, bem como a percentagem de cada indicador principal da escala, esta foi aplicada aos 200 inquiridos. A classificação dos inquiridos foi feita com base na pontuação obtida para cada indicador principal da escala. Os dados relativos a este aspeto são apresentados na Tabela 7.

Os dados apresentados no quadro 7 mostram claramente que 54,00 por cento dos agricultores tribais têm um nível médio de inovação, seguidos de 28,00 por cento com um nível baixo e 18,00 por cento com um nível elevado de inovação, respetivamente. No que respeita à cosmopolitismo, 58,00 por cento dos agricultores tribais tinham um nível médio de cosmopolitismo, seguido de 30,00 por cento com um nível baixo de cosmopolitismo. A razão provável para estes resultados em ambos os indicadores pode dever-se ao seu hábito de migração.

Em relação ao grau de utilização dos meios de comunicação social, 52,00 por cento dos agricultores tribais tinham um grau médio de utilização dos meios de comunicação social, seguido de 28,00 por cento e 20,00 por cento com um grau baixo e alto de utilização dos meios de comunicação social, respetivamente. As razões prováveis para esta situação podem dever-se ao nível médio de educação, às más condições económicas e à indisponibilidade de meios de comunicação social importantes como a rádio, os jornais e a televisão nas aldeias.

Quadro 7: Percentagem dos principais indicadores na modernização da agricultura e distribuição dos inquiridos de acordo com a sua categoria em cada indicador principal

(n=200)

Sr. Não.	Indicador principal	Categoria	Distribuição		(Percentagem do indicador) Média do I.M.A. de cada indicador	Classificação
			Frequência	Percentagem		
1	Inovação	Baixo (inferior a 2,56 A.M.I.)	56	28.00	3.24	V
		Médio (2,57 a 3,92 A.M.I.)	108	54.00		
		Elevado (acima de 3,92 A.M.I.)	36	18.00		
		X = 3.24	S.D. = 0,68		C.V.% = 20,98	
2	Cosmopolitismo	Baixo (inferior a 2,5 A.M.I.)	60	30.00	3.12	VI
		Médio (2,6 a 3,74 A.M.I.)	116	58.00		
		Elevado (acima de 3,74 A.M.I.)	24	12.00		
		X = 3.12	S.D. = 0,62		C.V.% = 19,87	
3	Grau de utilização dos meios de comunicação social	Baixo (inferior a 2,06 A.M.I.)	56	28.00	2.8	VII
		Médio (2,07 a 3,54 A.M.I.)	104	52.00		
		Alta (acima de 3,54 A.M.I.)	40	20.00		
		X = 2.8	S.D. = 0,74		C.V.% = 26,42	
4	Padrão de cultivo	Baixo (inferior a 1,34	120	60.00	1.92	X

		A.M.I.)				
		Médio (1,35 a 2,5 A.M.I.)	48	24.00		
		Alta (acima de 2,5 A.M.I.)	32	16.00		
		X = 1.92	S.D. = 0,58		C.V.% = 30,20	
5	Seleção de sementes	Baixo (inferior a 1,66 A.M.I.)	136	68.00	2.2	IX
		Médio (1,67 a 2,74 A.M.I.)	40	20.00		
		Elevado (acima de 2,74 A.M.I.)	24	12.00		
		X = 2.2	S.D. = 0,54		C.V.% = 24,54	
6	Adoção do sistema de micro irrigação	Baixo (inferior a 1,28 A.M.I.)	120	60.00	1.76	XII
		Médio (1,29 a 2,24 A.M.I.)	64	32.00		
		Elevado (acima de 2,24 A.M.I.)	16	08.00		
		X = 1.76	S.D. = 0,48		C.V.% = 27,27	
7	Comercialização de produtos agrícolas e lácteos	Baixo (inferior a 4,3 A.M.I.)	48	24.00	6.04	II
		Médio (4,4 a 7,78 A.M.I.)	112	56.00		
		Alta (acima de 7,78 A.M.I.)	40	20.00		
		X = 6.04	S.D. = 1,74		C.V.% = 28,80	
8	Máquinas e alfaias modernas disponíveis	Baixo (inferior a 6,02 A.M.I.)	130	65.00	8.56	I
		Médio (6,03 a 11,10 A.M.I.)	40	20.00		
		Alta (acima de 11.10 A.M.I.)	30	15.00		
		X = 8.56	S.D. = 2,54		C.V.% = 29,65	
9	Adoção da gestão integrada dos nutrientes	Baixo (inferior a 2,46 A.M.I.)	48	24.00	3.56	IV
		Médio (2,47 a 4,66 A.M.I.)	120	60.00		
		Alta (acima de 4,66 A.M.I.)	32	16.00		
		X = 3.56	S.D. = 1,10		C.V.% = 30,89	
10	Utilização de fertilizantes orgânicos	Baixo (inferior a 1,86 A.M.I.)	32	16.00	2.57	VIII
		Médio (1,87 a 3,26 A.M.I.)	144	72.00		
		Elevado (acima de 3,26 A.M.I.)	24	12.00		
		X = 2.57	S.D. = 0,70		C.V.% = 27,34	
11	Armazém	Baixo (inferior a 0,68 A.M.I.)	56	28.00	0.92	XIII
		Médio (0,67 a	104	52.00		

		1,16 A.M.I.)				
		Alta (acima de 1,16 A.M.I.)	40	20.00		
		X = 0.92	S.D. = 0,24		C.V.% = 26,08	
12	Adoção de Proteção das plantas Medidas	Baixo (inferior a 1,42 A.M.I.)	48	24.00	1.88	XI
		Médio (1,43 a 2,34 A.M.I.)	128	64.00		
		Elevado (acima de 2,34 A.M.I.)	24	12.00		
		X = 1.88	S.D. = 0,46		C.V.% = 24,46	
13	Adoção de Melhoria dos produtos lácteos Práticas	Baixo (inferior a 4,3 A.M.I.)	40	20.00	5.84	III
		Médio (4,4 a 7,38 A.M.I.)	128	64.00		
		Alta (acima de 7,38 A.M.I.)	32	16.00		
		X = 5.84	S.D. =	1.54	C.V.% = 26,36	

No que diz respeito ao padrão de cultivo, 60,00 por cento dos agricultores tribais tinham um nível baixo, seguido de 24,00 por cento e 16,00 por cento com um nível médio e alto de padrão de cultivo, respetivamente.

Os resultados indicam ainda que 68,00 por cento dos agricultores tribais tinham um nível baixo de seleção de sementes, seguido de um nível médio (20,00 %) e alto (12,00 %) de seleção de sementes. Pode deduzir-se que a maioria (88,00 %) dos agricultores tribais tinha um nível baixo a médio de seleção de sementes.

Os dados apresentados no quadro 7 também mostram que a maioria (60,00 %) dos agricultores tribais tinha um baixo nível de adoção do sistema de microirrigação, seguido de um nível médio (32,00 %) e elevado (08,00 %) de adoção do sistema de microirrigação. A razão provável para tais resultados para os três indicadores acima referidos pode dever-se à sua falta de conhecimentos sobre tecnologia agrícola.

No que respeita à comercialização da produção agrícola, a maioria (56,00 %) dos agricultores tribais encontrava-se num nível médio, seguido de um nível baixo (24,00 %) e alto (20,00 %) de comercialização da produção agrícola. A partir deste resultado, pode inferir-se que a maioria (80,00 %) dos agricultores tribais utilizava de forma baixa a média os meios de transporte para a comercialização da produção agrícola.

Considerando a maquinaria e os implementos modernos disponíveis, observou-se que 65,00 por cento dos agricultores tribais tinham um nível baixo de maquinaria e implementos modernos disponíveis, seguido de 20,00 e 15,00 por cento dos agricultores tribais tinham um nível médio e alto de maquinaria e implementos modernos, respetivamente. Pode deduzir-se que a maioria (85,00 %) dos agricultores tribais dispunha de um nível baixo a médio de maquinaria e alfaias modernas. O rendimento anual médio e a pequena dimensão da propriedade podem ser explicações possíveis para este resultado, uma vez que não podiam comprar maquinaria agrícola relativamente dispendiosa.

No que diz respeito ao grau de adoção da Gestão Integrada de Nutrientes, 60,00 por cento dos agricultores tribais tinham um grau médio de adoção da Gestão Integrada de Nutrientes, seguido de um nível baixo (24,00 %) e alto (16,00 %) de grau de adoção.

Os dados apresentados no Quadro 7 sobre a utilização de fertilizantes orgânicos mostram que 72,00 por cento dos agricultores tribais utilizavam fertilizantes orgânicos a um nível médio, seguidos de 16,00 e 12,00 por cento que utilizavam fertilizantes orgânicos a um nível baixo e alto, respetivamente.

Relativamente às instalações de armazenamento, observou-se que 52,00 por cento dos agricultores tribais tinham um nível médio de instalações de armazenamento, seguido de 28,00 e 20,00 por cento dos agricultores tribais com um nível baixo e alto de instalações de armazenamento, respetivamente. Pode deduzir-se que a maioria (80,00 %) dos agricultores tribais dispunha de um nível de armazenagem baixo a médio.

No que diz respeito ao grau de adoção de medidas fitossanitárias, 64,00 por cento dos agricultores tribais tinham um nível médio de adoção de medidas fitossanitárias, seguido de um nível baixo (24,00 %) e alto (12,00 %) de adoção de medidas fitossanitárias.

Os dados apresentados no quadro 7 sobre a adoção de práticas melhoradas no sector dos lacticínios mostram que 64,00 por cento dos agricultores tribais adoptaram de forma média práticas melhoradas no sector dos lacticínios, seguidos de 20,00 e 16,00 por cento que adoptaram de forma baixa e alta, respetivamente.

Com uma observação superficial dos dados apresentados no quadro 7, pode concluir-se que a maioria dos agricultores tribais se encontrava em categorias de nível baixo a médio no que respeita a todos os indicadores principais.

Também se tentou conhecer a quota-parte de vários indicadores na modernização agrícola. O quadro 7 indica que o indicador "Máquinas e alfaias modernas disponíveis" foi o indicador mais importante, com o valor médio mais elevado de 8,56, tendo sido classificado em primeiro lugar, seguido da comercialização de produtos agrícolas e leiteiros (média de 6,04) e da adoção de melhores práticas leiteiras (média de 5,84).

O quarto e quinto indicadores classificados foram o grau de adoção da gestão integrada de nutrientes e a capacidade de inovação. Os outros indicadores, de acordo com a sua percentagem média na modernização agrícola, por ordem decrescente, foram: cosmopolitismo, grau de utilização dos meios de comunicação social, utilização de fertilizantes orgânicos, seleção de sementes, padrão de cultivo, adoção de medidas fitossanitárias, adoção de sistemas de micro-irrigação e instalações de armazenamento.

5.13 PERFIL DOS CAMPONESES TRIBAIS

O nível de modernização agrícola que resulta em mudanças sócio-técnicas e económicas é suscetível de ser influenciado por diferentes caraterísticas dos agricultores tribais. Estava fora do âmbito do presente estudo incluir todas as caraterísticas dos agricultores tribais. No entanto, foram selecionadas algumas caraterísticas importantes dos agricultores tribais, que foram classificadas em quatro grupos: caraterísticas pessoais, socioeconómicas, comunicacionais e psicológicas. As conclusões a este respeito são apresentadas nas páginas seguintes.

5.3.1 Caraterísticas pessoais

5.3.1.1 Idade

O desenvolvimento físico e psicológico de um indivíduo está relacionado com a sua idade. Por conseguinte, influencia os interesses e as necessidades de um indivíduo. Desempenha também um papel vital na decisão dos objectivos e expectativas futuros, contribuindo assim para o desenvolvimento de uma atitude favorável à adoção de novas tecnologias, o que conduz à modernização da agricultura e, consequentemente, a uma mudança sociotécnica e económica.

Foi pedido aos agricultores tribais que indicassem a sua idade em anos completos. Os agricultores, de acordo com a sua idade, foram classificados em três grupos: (i) idade jovem (18 a 35 anos), (ii) idade média (36 a 50 anos) e (iii) idade avançada (mais de 50 anos). Os dados recolhidos junto dos inquiridos sobre a sua idade são apresentados no Quadro 8.

Quadro 8: Distribuição dos inquiridos de acordo com a sua idade (n=200)

N.º Sr.	Faixa etária	Número	Por cento
1.	Idade jovem (18 a 35 anos)	28	14.00
2.	Meia-idade (36 a 50 anos)	132	66.00
3.	Idade avançada (mais de 50 anos)	40	20.00
	Total	**200**	**100.00**

Média (x) = 44,20SD = 9,28

Os dados apresentados no Quadro 8 revelam que 66,00 por cento dos inquiridos se encontravam no grupo de meia-idade, seguido do grupo de idade avançada (20,00 %) e do grupo de idade jovem (14,00 %), respetivamente.

Pode concluir-se que a maioria dos inquiridos (66,00 %) pertencia ao grupo de meia-idade. Isto implica que o grupo de meia-idade se dedica geralmente à agricultura e é responsável pela manutenção das suas famílias. A razão pode ser a ocupação parental assumida pelo grupo de meia-idade, uma vez que os tribais idosos estavam reformados e não podiam dedicar-se à agricultura.

Esta constatação está em conformidade com as de Gulkari (2011), Bhandarai (2013) e Melkunde (2013).

5.3.1.2 Educação

A educação é geralmente considerada como o processo de produzir as mudanças desejadas no comportamento das pessoas. A educação numa sociedade é um pré-requisito para o desenvolvimento socioeconómico dos seus membros numa família. De acordo com o nível de ensino, os inquiridos foram classificados em seis categorias, *a saber*: (i) analfabetos; (ii) alfabetizados funcionais; (iii) ensino primário (até ao VII ciclo); (iv) ensino secundário (do VIII ao X ciclo); (v) ensino secundário superior (XI e XII ciclos); e (vi) licenciados e superiores. Os dados relativos ao nível de escolaridade são apresentados no Quadro 9.

Quadro 9: Distribuição dos inquiridos de acordo com o seu nível de educação

(n=200)

N.º Sr.	Nível de escolaridade	Número	Por cento
1.	Analfabeto	28	14.00
2.	Funcionalmente alfabetizado (sabe ler e escrever)	16	08.00
3.	Ensino primário (até ao 7º ano)	48	24.00
4.	Ensino secundário (VIII a X Std.)	68	34.00
5.	Ensino secundário superior (XI e XII anos)	32	16.00
6.	Licenciado e superior	08	04.00
	Total	200	100.00

Média (x) = 2,45SD = 1,34

A leitura dos dados apresentados no quadro 9 indica claramente que 34,00 por cento dos inquiridos possuíam o ensino secundário, seguidos de 24,00 por cento que possuíam o ensino primário. Por outro lado, 16,00 por cento dos inquiridos tinham o ensino secundário superior, seguidos de 14,00 por cento que eram analfabetos. Apenas 8,00 por cento e 4,00 por cento dos inquiridos tinham literacia funcional e um nível de ensino superior, respetivamente.

Dos factos acima referidos, pode concluir-se que o maior número de inquiridos (54,00 %) tinha habilitações superiores ao nível primário. A razão para um nível de educação mais elevado pode dever-se às facilidades de escolarização disponíveis na área de estudo.

Esta constatação está em consonância com as conclusões comunicadas por Gulkari (2011) e Pandya (2011).

5.3.2 Caraterísticas socioeconómicas

5.3.2.1 Dimensão da exploração fundiária

A propriedade fundiária tem sido considerada como um dos factores que determinam o estatuto económico e a potencialidade dos agricultores para utilizarem novas tecnologias agrícolas nas explorações. A dimensão da exploração fundiária também desempenha um papel na manutenção do desenvolvimento familiar e socioeconómico. Por conseguinte, a variável "exploração fundiária" foi incluída no presente inquérito. Os inquiridos foram agrupados em três categorias, como se mostra no Quadro 10.

Quadro 10: Distribuição dos inquiridos de acordo com a dimensão da sua exploração fundiária

(n=200)

N.º Sr.	Dimensão da propriedade	Número	Por cento
1	Marginal (até 1,0 ha)	82	41.00
2	Pequena (1,01 a 2,0 ha)	78	39.00
3	Médio (2,01 a 3,0 ha)	24	12.00
4	Grandes (mais de 3,0 ha)	16	08.00
	Total	200	100.00

Média (x) = 1,47SD = 1,03

É óbvio a partir do Quadro 10 que quase 41,00 por cento dos inquiridos tinham uma exploração fundiária marginal, seguida de 39,00, 12,00 e 8,00 por cento que tinham uma exploração fundiária pequena, média e grande, respetivamente.

Pode concluir-se que a maioria dos inquiridos possui menos de 2,0 hectares de terra. A divisão da terra à medida que a geração avança pode ser a explicação possível para este resultado.

Esta conclusão está de acordo com as conclusões comunicadas por Prajapati (2006), Jat (2010) e Chanpaneri (2012).

5.3.2.2 Rendimento anual

Um rendimento mais elevado leva a um maior investimento na agricultura, reduzindo assim o fosso tecnológico. O planeamento de programas polivalentes só é possível quando o financiamento está disponível. Também contribui para a aquisição óptima e atempada de factores de produção para a adoção de tecnologia, o que leva a acelerar a mudança tecnológica e a sua mudança sócio-técnica-económica. Tendo isto em conta, o rendimento anual dos inquiridos foi estudado e os dados são apresentados no Quadro 11.

Quadro 11: Distribuição dos inquiridos de acordo com o seu rendimento anual

(n=200)

N.º Sr.	Categoria	Número	Por cento
1	Baixo (até Rs. 50.000/-)	128	64.00
2	Médio (Rs. 50001 a 1,00,000/-)	40	20.00
3	Elevado (superior a Rs. 1,00,000/-)	32	16.00
	Total	**200**	**200.00**

Média (x) = 56580SD = 36142

A Tabela 11 mostra que 64,00 por cento dos inquiridos pertenciam ao grupo de rendimento anual baixo, seguido de 20,00 e 16,00 por cento com rendimento médio e alto, respetivamente. Resumindo as conclusões, pode afirmar-se que a esmagadora maioria dos inquiridos tribais tinha um rendimento anual baixo a médio porque eram pobres em recursos e tinham poucos conhecimentos sobre a utilização eficiente dos recursos para aumentar o seu rendimento.

Esta conclusão está em consonância com as conclusões de Prajapati (2006) e Jat (2010). **5.3.2.3 Hábito de migração**

É um facto que as tribos do distrito de Sabarkantha têm vindo a migrar em busca de qualquer tipo de trabalho. O hábito de migração das tribos está relacionado com o rendimento anual total da família. As informações a este respeito foram recolhidas e apresentadas no quadro 12.

Quadro 12: Distribuição dos inquiridos de acordo com o seu hábito de migração

(n=200)

N.º Sr.	Hábito de migração	Número	Por cento
1	Número de agregados familiares a partir dos quais se efectuou a migração	82	41.00
2	Sem migração	118	59.00
	Total	200	100.00
3	Número total de pessoas migrantes	188	-
4	Média de pessoas migrantes por agregado familiar	0.94	-

Média (x) = 2,05SD = 3,19

Os dados apresentados no Quadro 12 revelam que, dos 200 inquiridos, 59,00 por

Por outro lado, 41% das famílias tribais não migraram para procurar emprego e os restantes 41% migraram para ganhar mais dinheiro para a sua subsistência. O número total de pessoas migrantes foi de 188 e a média de pessoas migrantes por agregado familiar foi de 0,94.

Concluindo as conclusões, pode dizer-se que quase metade dos camponeses tribais tem tendência para migrar da sua aldeia em busca de trabalho para satisfazer as suas necessidades básicas. Perante esta situação, o governo deveria tomar medidas para controlar o hábito da migração.

Esta constatação está em conformidade com a constatação registada por Patel (2005).

5.3.2.4 Participação social

A participação social desempenha um papel importante na modernização da agricultura. A filiação em qualquer organização social proporciona aos agricultores uma plataforma para trocarem as suas opiniões e sentimentos. Para conhecer a participação social dos inquiridos em várias organizações, a informação foi recolhida e os inquiridos foram classificados como se mostra no Quadro 13.

Quadro 13 Distribuição dos inquiridos de acordo com o seu nível de educação social participação (n=200)

N.º Sr.	Nível de participação social	Número	Por cento
1.	Não ser membro de nenhuma organização	30	15.00
2.	Ser membro de uma organização	112	56.00
3.	Ser membro de mais de uma organização	46	23.00
4.	Titular do cargo	12	06.00
	Total	**200**	**100.00**

Média (x) = 1,20SD = 0,76

Os dados do Quadro 13 mostram que 56,00 por cento dos inquiridos eram membros de uma organização, seguidos de 23,00 por cento que eram membros de mais do que uma organização. Por outro lado, 15,00 por cento não eram membros de nenhuma organização e os restantes 6,00 por cento eram titulares de cargos.

Assim, pode concluir-se que a maioria dos inquiridos era membro de qualquer organização. Durante o inquérito, observou-se que a maioria das tribos era membro de uma sociedade cooperativa de leite e de uma sociedade cooperativa de serviços, uma vez que a rede de cooperativas de leite é forte e cada aldeia tem uma sociedade cooperativa de leite na área de investigação. Esta conclusão é semelhante às conclusões relatadas por Suthar (2010), Chanpaneri

(2012) e Desai (2013).

5.3.3 Caraterísticas da comunicação

5.3.3.1 Fontes de informação

Existem várias fontes de informação através das quais os agricultores podem adquirir informações sobre tecnologias agrícolas. As fontes de informação são as pontes físicas entre a sua origem e os agricultores. Os agricultores têm à sua disposição vários métodos de comunicação, como os formais, informais, os meios de comunicação de massas e outros, para se familiarizarem com as novas tecnologias. No entanto, entre essas fontes, os agricultores preferem poucas para obter informações.

A informação relativa às fontes de informação foi recolhida e os inquiridos foram classificados em três grupos, como mostra o Quadro 14.

Table 14: Distribuição dos inquiridos de acordo com as suas fontes de <u>Informações (n=200)</u>

N.º Sr.	Nível das fontes de informação	Número	Por cento
1.	Baixo (< 9,43 pontos)	60	30.00
2.	Médio (9,43 a 21,51 pontos)	104	52.00
3.	Elevado (> 21,51 pontos)	36	18.00
	Total	**200**	**100.00**

Média (x) =15,47SD = 6,04

O quadro 14 revela que pouco mais de metade (52,00 %) dos inquiridos utilizaram fontes de informação de nível médio, enquanto 30,00 % dos inquiridos utilizaram fontes de informação de nível baixo e os restantes 18,00 % utilizaram fontes de informação de nível elevado.

Pode concluir-se do quadro 14 que a maioria dos camponeses tribais recorre a fontes de informação de nível baixo a médio. A razão provável para este tipo de

A conclusão de que os inquiridos tribais têm menos contactos de extensão fora dos seus grupos sociais pode dever-se ao facto de o local de residência ser remoto.

A conclusão semelhante foi confirmada por Pandya (2011).

5.3.4 Caraterísticas psicológicas

5.3.4.1 Nível de aspiração

O nível de aspiração dos inquiridos tem influência na sua modernização agrícola e, consequentemente, na mudança sócio-técnica-económica. É uma estimativa realista de onde ele pensa que pode ficar rico na escada da vida, daqui a cinco anos. Com base nos dados relativos à aspiração, os inquiridos foram classificados em três grupos, como mostra o Quadro 15.

Table 15: Distribuição dos inquiridos de acordo com o seu nível de aspiração (n=200)

N.º Sr.	Nível de aspiração	Número	Por cento
1.	Baixo (< 11,69 pontos)	36	18.00
2.	Médio (pontuação de 11,69 a 22,95)	136	68.00
3.	Elevado (> 22,95 pontos)	28	14.00
	Total	**200**	**100.00**

Média (x) = 17,32DP = 5,63

O Quadro 15 mostra que 68,00 por cento dos inquiridos tinham um nível médio de aspiração, seguido de elevado e baixo, com 18,00 por cento e 14,00 por cento dos inquiridos, respetivamente.

Assim, a Tabela 15 acima revela que a maioria (68,00 %) dos inquiridos tinha um nível médio de aspiração. Isto pode dever-se ao facto de os camponeses tribais disporem de recursos médios.

Concluindo as conclusões, pode dizer-se que a maioria dos camponeses tribais tinha um nível de aspiração baixo a médio, talvez devido aos fracos recursos de que dispunham para ver um futuro brilhante.

Um resultado semelhante foi também confirmado por Vyas (1995).

5.3.4.2 Motivação económica

A motivação económica pode ser considerada como uma indicação do grau de vontade de investir os recursos disponíveis na adoção de inovações agrícolas. No presente estudo, a motivação económica é considerada como o grau de vontade dos inquiridos para investir na utilização eficiente dos seus recursos disponíveis. Os inquiridos foram classificados em três grupos com base na sua motivação económica, como mostra o Quadro 16.

A leitura do Quadro 16 indica que 64,00 por cento dos inquiridos tinham uma motivação económica média, seguidos de 23,50 por cento e 12,50 por cento com uma motivação económica elevada e baixa, respetivamente.

Table 16: Distribuição dos inquiridos de acordo com a sua motivação económica

(n=200)

N.º Sr.	Nível de motivação económica	Número	Por cento
1.	Baixo (< 10,89 pontos)	25	12.50
2.	Médio (pontuação de 10,89 a 21,45)	128	64.00
3.	Elevado (> 21,45 pontos)	47	23.50
	Total	**200**	**100.00**

Média (x) =16,17SD = 5,28

Com base nos resultados acima referidos, pode inferir-se que a maioria dos inquiridos tem um nível médio de motivação económica.

Esta conclusão é corroborada pelas conclusões de Darandle (2010), Suthar (2010), Gulkari (2011) e Pandya (2011).

5.3.4.3 Orientação para o risco

A orientação para o risco pode ser descrita como o grau em que um agricultor está orientado para suportar o risco e a incerteza na adoção de tecnologia melhorada. Por conseguinte, tem importância no comportamento de adoção dos agricultores e, consequentemente, na modernização da agricultura e na mudança sócio-técnica-económica. Os inquiridos foram classificados em três grupos de acordo com a sua orientação para o risco, como mostra a Tabela 17.

Table 17: Distribuição dos inquiridos de acordo com a sua orientação para o risco

(n=200)

N.º Sr.	Nível de orientação para o risco	Número	Por cento
1.	Baixo (< 8,59 pontos)	40	20.00
2.	Médio (pontuação de 8,59 a 19,23)	124	62.00
3.	Elevado (> 19,23 pontos)	36	18.00
	Total	**200**	**100.00**

Média (x) = 13,91SD = 5,32

A leitura dos dados apresentados no Quadro 19 indica claramente que a maioria (62,00 %) dos inquiridos tinha um nível médio de orientação para o risco, enquanto 20,00 % e 18,00 % dos inquiridos tinham um nível baixo e elevado de orientação para o risco, respetivamente.

A discussão precedente revelou que mais de três quintos (62,00 %) dos camponeses tribais tinham um nível médio de orientação para o risco. A razão para esta situação pode ser a falta de conhecimentos, de competências e as limitadas fontes alternativas de rendimento disponíveis em caso de fracasso da colheita.

Esta conclusão foi apoiada pelas conclusões de Patel (2007), Kumar (2009) e Darandle (2010),

5.3.4.4 Orientação científica

A orientação científica de um indivíduo desempenha um papel importante na formação de atitudes favoráveis à utilização da inovação e, por conseguinte, tem uma influência significativa na modernização agrícola e na mudança sócio-técnica-económica. É também um fator psicológico importante no processo de tomada de decisão dos agricultores. Os dados relativos à orientação científica foram recolhidos e os inquiridos foram categorizados em três grupos, como se mostra na Tabela 18.

A partir dos dados do Quadro 20, verifica-se que 61,00 por cento dos inquiridos têm uma orientação científica média, seguidos de 21,50 por cento e 17,50 por cento que têm uma orientação científica baixa e alta, respetivamente.

Table 18: Distribuição dos inquiridos de acordo com a sua orientação científica

(n=200)

N.º Sr.	Orientação científica	Número	Por cento
1.	Baixo (< 8,48 pontos)	**43**	**21.50**
2.	Médio (pontuação de 8,48 a 19,12)	**122**	**61.00**
3.	Elevado (> 19,12 pontos)	**35**	**17.50**
	Total	**200**	**100.00**

Média (x) = 13,80DP = 5,32

Os resultados revelam que mais de dois quintos dos inquiridos têm um nível médio de orientação científica.

Esta conclusão é corroborada pelas conclusões de Patel (2007), Darandle (2010) e Desai (2013).

5.4 ATITUDE DOS AGRICULTORES TRIBAIS EM RELAÇÃO À INTEGRAÇÃO PROJECTO DE DESENVOLVIMENTO TRIBAL

Uma atitude é operacionalizada como uma tendência para reagir de forma favorável ou desfavorável em relação ao Projeto Integrado de Desenvolvimento Tribal. O resultado relativo à atitude dos inquiridos em relação ao Projeto Integrado de Desenvolvimento Tribal é apresentado em

Tabela 19.

Quadro 19: Distribuição dos inquiridos de acordo com a sua atitude em relação Projeto Integrado de Desenvolvimento Tribal (n=200)

N.º Sr.	Atitude	Número	Por cento
1.	Altamente favorável (acima de 55,58 pontos)	40	20.00
2.	Favorável (pontuação de 30,50 a 55,58)	132	66.00
3.	Menos favorável (pontuação inferior a 30,50)	28	14.00
	Total	**200**	**100.00**

Média (x) = 43,04SD = 12,54

O Quadro 19 mostra que a maioria (66,00 %) dos inquiridos tem uma atitude favorável em relação ao Projeto de Desenvolvimento Tribal Integrado, enquanto 20,00 % têm uma atitude muito favorável e os restantes 14,00 % têm uma atitude menos favorável em relação ao Projeto de Desenvolvimento Tribal Integrado.

Pode inferir-se do Quadro 19 que a grande maioria dos camponeses tribais tinha uma atitude favorável em relação ao Projeto Integrado de Desenvolvimento Tribal. A maioria dos inquiridos pertencia a famílias com um nível de literacia moderado e uma situação económica baixa a média. Além disso, poderiam ter obtido benefícios do Projeto Integrado de Desenvolvimento Tribal. Tudo isto teria criado uma disposição favorável em relação ao Projeto de Desenvolvimento Tribal Integrado.

Esta conclusão é corroborada pelas conclusões de Munikishor (2008) e Sharanagat (2008).

5.5 NÍVEL DE MODERNIZAÇÃO AGRÍCOLA DOS AGRICULTORES TRIBAIS

5.5.1 Nível do índice de modernização agrícola

O conceito de modernização refere-se ao processo de mudança social em que o indivíduo adquire certas atitudes e traços de personalidade conducentes ao desenvolvimento socioeconómico e político, bem como à auto-realização individual. Estes traços foram designados por modernidade. É uma qualidade interior e reside no indivíduo. Faz parte do sistema de personalidade. A modernização agrícola significa o processo e os meios de transformação da agricultura tradicional para a agricultura moderna. Neste processo, a agricultura com a indústria moderna, o aumento da ciência e da tecnologia modernas, o método de gestão da economia moderna, a produtividade agrícola através da agricultura tradicional atrasada para o nível avançado contemporâneo da agricultura, etc., têm lugar. A modernização da agricultura é um estado psicológico da mente dos agricultores. Os dados a este respeito são apresentados no Quadro 20.

Quadro 20: Distribuição dos inquiridos de acordo com o seu nível de formação agrícola modernização (n=200)

N.º Sr.	Nível de modernização da agricultura	Número	Por cento
1.	Baixo (< 28,58 índice)	58	29.00
2.	Médio (índice de 28,58 a 60,22)	102	51.00
3.	Elevado (> índice 60,22)	40	20.00
	Total	**200**	**100.00**

Média (x) = 44,40SD = 15,82

O Quadro 20 mostra que 51,00 por cento dos inquiridos tinham um nível médio de modernização agrícola, seguido de 29,00 por cento com um nível baixo. Os restantes 20,00 por cento dos inquiridos tinham um nível elevado de modernização agrícola.

Assim, mais de três quartos (80,00 %) dos inquiridos tinham um nível baixo a médio de modernização agrícola. As razões para esta situação podem dever-se ao seu nível médio de educação, à exposição média aos meios de comunicação social e ao contacto médio com a extensão.

Dattatraya (2001), Jadhao (2002) e Patel (2005) também obtiveram resultados semelhantes.

5.6 IMPACTO DO ITDP EM TERMOS SÓCIO-TÉCNICO-ECONÓMICOS MUDANÇA ENTRE OS AGRICULTORES TRIBAIS

5.6.1 Mudanças sócio-técnicas e económicas

Trata-se da avaliação das mudanças em termos de aspectos sociotécnicos e económicos. Para o presente estudo, as mudanças resultantes ocorridas entre os inquiridos devido à implementação do Projeto Integrado de Desenvolvimento Tribal em termos de aspectos sócio-técnico-económicos nos últimos cinco anos foram tidas em conta como impacto. A informação a este respeito foi recolhida e os inquiridos foram classificados em três grupos, como mostra o Quadro 21.

Quadro 21: Distribuição dos inquiridos de acordo com as suas mudanças sócio-técnicas e económicas

(n=200)

N.º Sr.	Nível de mudança sócio-técnico-económica	Número	Por cento
1.	Baixa (< 39,77 pontos)	60	30.00
2.	Médio (39,77 a 65,75 pontos)	104	52.00
3.	Elevado (> 65,75 pontos)	36	18.00
	Total	**200**	**100.00**

Média (x) = 52,76 DP = 12,99

Os dados do Quadro 21 indicam que 52,00 por cento dos inquiridos tinham um nível médio de mudança sociotécnica, seguido de 30,00 por cento com um nível baixo de mudança sociotécnica, enquanto 18,00 por cento dos inquiridos tinham um nível elevado de mudança sociotécnica.

Assim, pode concluir-se que a grande maioria (82,00 %) dos inquiridos teve um nível baixo a médio de mudança sócio-técnica-económica devido à implementação do Projeto Integrado de Desenvolvimento Tribal. Este facto pode ser atribuído aos benefícios obtidos pelos agricultores tribais em termos de orientação técnica e outros benefícios obtidos no âmbito do Projeto de Desenvolvimento Tribal Integrado. Por conseguinte, pode dizer-se que o projeto de desenvolvimento tribal integrado teve grande influência na elevação dos agricultores tribais em termos de mudança sociotécnica e económica durante a última década.

Esta conclusão está em consonância com as conclusões de Patel (2005), Suthar (2010) e Pandya (2011).

5.6.2 Dimensão da mudança em vários aspectos

As mudanças sócio-técnicas desejáveis, devidas ao Projeto de Desenvolvimento Tribal Integrado, ocorreram nos últimos cinco anos entre os inquiridos e foram quantificadas em termos de vários graus de mudança na maquinaria/implementos agrícolas baseados em tecnologia moderna, artigos domésticos, poupança e investimento, hábitos alimentares, padrão de vestuário, padrão de habitação, estatuto social, relações sociais, autossuficiência e tecnologias melhoradas. Neste estudo, considerou-se a mudança resultante do Projeto de Desenvolvimento Tribal Integrado nos aspectos sócio-técnico-económicos da vida. Foram recolhidas informações sobre os aspectos em questão e os inquiridos foram classificados em três níveis de mudança sociotécnica e económica: baixo, médio e elevado, com base na média e no desvio padrão dos respectivos aspectos. Os dados são apresentados no Quadro 22.

Table 22: Distribuição dos inquiridos por aspeto, de acordo com a sua mudança sócio-técnica-económica no âmbito do Desenvolvimento Tribal Integrado Projeto (n=200)

Sr. Não.	Aspeto	Média	SD	Extensão da mudança		
				Baixa	Médio	Elevado
1.	Máquinas e utensílios agrícolas de tecnologia moderna	3.84	0.67	128 (64.00)	48 (24.00)	24 (12.00)
2.	Artigos de uso doméstico	16.43	4.95	10 (5.00)	154 (77.00)	36 (18.00)
3.	Poupança e investimentos	3.92	1.50	27 (13.50)	149 (74.50)	24 (12.00)
4.	Hábito alimentar	2.04	0.84	28 (14.00)	140 (70.00)	32 (16.00)
5.	Padrão de vestuário	2.58	1.12	24 (12.00)	128 (64.00)	48 (24.00)
6.	Padrão de habitação	2.70	1.33	32 (16.00)	148 (74.00)	20 (10.00)
7.	Estatuto social	4.96	1.63	24 (12.00)	144 (72.00)	32 (16.00)
8.	Relações sociais	4.54	1.88	40 (20.00)	132 (66.00)	28 (14.00)
9.	Autossuficiência	3.28	1.44	16 (8.00)	140 (70.00)	44 (22.00)

10.	Adoção de tecnologias melhoradas	8.46	3.02	44 (22.00)	116 (58.00)	40 (20.00)

Os dados entre parênteses indicam a percentagem

5.6.2.1 Grau de mudança nas máquinas/alfaias agrícolas baseadas na tecnologia moderna

Os dados apresentados no quadro 22 mostram que a maioria dos camponeses tribais tem um nível baixo (64,00 %) de mudança em relação às máquinas/implementos agrícolas baseados na tecnologia moderna, seguido de um nível médio (24,00 %) e alto (12,00 %) de mudança.

Pode, portanto, concluir-se que a maioria dos inquiridos tinha um baixo nível de mudança em maquinaria/implementos baseados em tecnologia moderna. O rendimento anual médio, a baixa capacidade de inovação e a pequena dimensão da exploração agrícola podem ser possíveis explicações para este resultado, uma vez que, com um rendimento limitado, não podiam comprar máquinas agrícolas relativamente dispendiosas.

5.6.2.2 Dimensão da mudança nos artigos de uso doméstico

Os dados do Quadro 22 mostram que 77,00 por cento dos camponeses tribais tiveram um nível médio de mudança nos artigos domésticos, seguidos de 18,00 e 5,00 por cento com um nível de mudança elevado e baixo, respetivamente. Pode concluir-se que a esmagadora maioria dos camponeses tribais registou um nível médio de mudança no que se refere aos artigos domésticos.

5.6.2.3 Extensão da mudança na poupança e no investimento

Pode ver-se no Quadro 22 que 74,50% dos inquiridos tribais registaram um nível médio de mudança na poupança e nos investimentos, seguidos de 13,50% e 12,0% com um nível baixo e alto de mudança, respetivamente.

Pode inferir-se dos resultados que a esmagadora maioria dos inquiridos tribais teve um nível baixo a médio de mudança na poupança e nos investimentos, uma vez que o crescimento económico dos camponeses tribais não conseguiu atingir os seus objectivos. Este facto pode ser a causa deste resultado.

5.6.2.4 Grau de alteração dos hábitos alimentares

Os dados apresentados no Quadro 22 mostram que 70,00 por cento dos inquiridos apresentaram um nível médio de mudança de hábitos alimentares, seguido de uma mudança elevada e baixa, com 16,00 e 14,00 por cento dos inquiridos, respetivamente.

Os resultados revelaram que o grau de mudança nos hábitos alimentares dos camponeses tribais era médio. Durante o trabalho de campo, observou-se que, anteriormente, tomavam leite magro juntamente com pão de banti e legumes tradicionais. Hoje em dia, tomam leite juntamente com pão de bajra e milho, bem como legumes e feijão.

5.6.2.5 Extensão da mudança no padrão de vestuário

Os dados apresentados no Quadro 22 revelam que 64,00 por cento dos camponeses tribais tinham um nível médio de mudança no padrão de vestuário, seguido de alto e baixo, com 24,00 e 12,00 por cento de inquiridos, respetivamente.

Resumindo os resultados, pode dizer-se que a grande maioria (88,00 %) dos camponeses tribais registou um nível médio a elevado de mudança no seu padrão de vestuário, uma vez que deixaram de usar os seus trajes tradicionais como o Kurti, o Dhoti e o Topi. Apenas os camponeses tribais de idade avançada usam os seus vestidos tradicionais e os jovens e de meia-idade usam Khamis e Jarsy.

5.6.2.6 Extensão da mudança no padrão de habitação

O Quadro 22 indica que 74,00 por cento dos inquiridos tinham um nível médio de mudança no padrão de habitação, seguido de baixo e alto, com 16,00 e 10,00 por cento dos inquiridos, respetivamente.

Conclui-se do quadro supra que a grande maioria (90,00 %) dos inquiridos se encontra num nível médio a baixo de alteração do seu padrão de habitação.

Anteriormente, residiam em cabanas cobertas com o telhado de Tad Pan e, atualmente, as suas casas estão cobertas com Nalia.

5.6.2.7 Extensão da mudança de estatuto social

A leitura do Quadro 22 indica que a maioria (72,00 %) dos inquiridos tribais teve um nível médio de mudança de estatuto social, seguido de alto e baixo, com 16,00 e 12,00 por cento de inquiridos, respetivamente.

De acordo com os resultados, revela-se que a grande maioria dos camponeses tribais registou um nível médio a elevado de mudança no seu estatuto social.

5.6.2.8 Grau de mudança da relação social

Pode ver-se no Quadro 22 que 66,00 por cento dos inquiridos tinham um nível médio de mudança nas relações sociais, seguido de baixo e alto, com 20,00 e 14,00 por cento dos inquiridos, respetivamente.

Pode assim concluir-se que a maioria dos inquiridos teve um nível médio ou baixo de mudança nas suas relações sociais.

5.6.2.9 Extensão da mudança na autossuficiência

Os dados apresentados no Quadro 22 indicam que 70,00 por cento dos agricultores tribais registaram um nível médio de mudança na autossuficiência, seguido de alto e baixo, com 22,00 e 8,00 por cento dos agricultores, respetivamente.

Pode assim concluir-se que a grande maioria (92,00 %) dos agricultores tinha um nível médio a elevado de mudança na autossuficiência.

5.6.2.10 Mudança de dimensão das tecnologias melhoradas

É óbvio no Quadro 22 que 58,00 por cento dos inquiridos tribais tinham um nível médio de mudança em tecnologias melhoradas, seguido de baixo e alto com 22,00 e 20,00 por cento dos inquiridos, respetivamente.

A partir dos resultados acima, pode concluir-se que a grande maioria (80,00 %) dos inquiridos tinha um nível baixo a médio de mudança nas tecnologias melhoradas.

5.7 [A] RELAÇÃO ENTRE AS VARIÁVEIS INDEPENDENTES SELECCIONADAS E A MODERNIZAÇÃO DA AGRICULTURA

Foi considerado necessário estudar a relação entre as caraterísticas selecionadas dos inquiridos e o seu nível de modernização agrícola, porque estas caraterísticas desempenham um papel importante na decisão do nível de modernização agrícola.

A fim de determinar a relação entre as caraterísticas pessoais, sociais, económicas, comunicacionais e psicológicas dos inquiridos e a sua modernização agrícola, foi calculado o coeficiente de correlação e os dados são apresentados no Quadro 23.

Table 23: Relação entre as variáveis independentes selecionadas e a agricultura modernização (n=200)

N.º Sr.	Variáveis independentes	Coeficiente de correlação (valor r)
I	**Pessoal**	
1.	Idade	- 0.696†

† Significativo ao nível de significância de 0,01

5.7.1 Idade e modernização da agricultura

O resultado apresentado no Quadro 23 reflecte que a idade dos inquiridos tem uma correlação significativa mas negativa com o seu nível de modernização agrícola. A tendência

2.	Educação	0.251**
II	**Socioeconómico**	
3.	Dimensão da exploração agrícola	0,219NS
4.	Rendimento anual	0.417**
5.	Hábito de migração	-0,011NS
6.	Participação social	-0.134**
III	**Comunicação**	
7.	Fontes de informação	0,135NS
IV	**Psicológico**	
8.	Nível de aspiração	-0,079NS
9.	Motivação económica	0.553**
10.	Orientação para o risco	0.362**
11.	Orientação científica	0.463**
12.	Atitude em relação ao Projeto Integrado de Desenvolvimento Tribal (ITDP)	0.551**

* Significativo ao nível de significância de 0,05

A hipótese de que a idade dos camponeses foi rejeitada e pode concluir-se que a idade dos camponeses está significativa e negativamente correlacionada com o seu nível de modernização agrícola.

Esta conclusão está em conformidade com os resultados registados por Prajapati e Jadhao (2002) e Prajapati (2012).

5.7.2 Educação e modernização da agricultura

Os resultados apresentados no Quadro 23 mostram que existe uma relação positiva e significativa entre o nível de educação dos inquiridos e o seu nível de modernização agrícola, uma vez que o valor 'r' (0,251) é positivamente significativo ao nível 0,01. O resultado indicou que os inquiridos com um nível de educação mais elevado teriam uma maior modernização agrícola. A razão atribuída pode ser o facto de a educação e a literacia parecerem facilitar a exposição aos meios de comunicação social e a cosmopolitismo, o que, por sua vez, leva a um maior conhecimento, capacidade e inovação. Uma maior literacia permite uma maior exposição aos meios de comunicação impressos. Assim, a educação torna-se um catalisador da modernização.

A hipótese nula (H1.2) no caso da educação foi, portanto, rejeitada.

negativa indica que a modernização agrícola dos inquiridos diminuiu com o aumento da sua idade. Isto significa que os camponeses mais jovens parecem ser mais modernos do que os mais velhos. A idade é um fator que determina o zelo, a aptidão e o trabalho árduo necessários para determinar a eficácia de qualquer atividade. Os camponeses mais velhos geralmente tinham visto uma manutenção apática e apática e sentiam-se felizes com a situação atual.

Os camponeses mais velhos podem ser menos instruídos ou analfabetos, menos inovadores e entusiastas na adoção de um estilo de vida moderno do que os mais jovens. Esta poderia ser a razão para a correlação negativa entre a idade dos camponeses e o seu nível de modernização agrícola.

O valor calculado do coeficiente de correlação (r = - 0,696) foi considerado negativamente significativo ao nível de significância de 0,01; por conseguinte, a hipótese nula (H1.1) no caso de

Esta conclusão está em conformidade com a conclusão de Patel (2005).

5.7.3 Dimensão da propriedade fundiária e modernização da agricultura

O resultado do Quadro 23 indica ainda que o valor do coeficiente de correlação (r = 0,219) foi considerado positivamente não significativo, o que indica que existia uma correlação positiva mas não significativa entre a dimensão da propriedade fundiária dos inquiridos e o seu nível de modernização agrícola. Os resultados indicaram que se observou uma maior modernização nos camponeses tribais no caso dos inquiridos com maior dimensão da propriedade fundiária. A razão provável para tal pode ser o facto de os agricultores com maior dimensão de terras terem geralmente uma situação económica sólida.

Por conseguinte, foi aceite a hipótese nula ($H1_{.3}$) no caso da dimensão da exploração fundiária.

Vastar *et al.* (2001) e Deshmukh e Chole (2001) também registaram uma relação significativa entre a dimensão da propriedade fundiária e o nível de modernização da agricultura.

5.7.4 Rendimento anual e modernização da agricultura

Pode observar-se na Tabela 23 que o rendimento anual teve uma relação positiva e significativa (r=0,417) com a modernização agrícola dos inquiridos, o que fornece uma base suficiente para rejeitar a hipótese nula ($H1_{.4}$), de que "não há relação entre o rendimento anual e a modernização agrícola". Assim, pode dizer-se que, à medida que o rendimento anual aumenta, o nível de modernização agrícola também aumenta e, por conseguinte, tem grande influência na modernização.

5.7.5 Hábito de migração e modernização da agricultura

O resultado apresentado no Quadro 23 reflecte que o hábito de migração dos inquiridos não estabeleceu uma relação significativa com o seu nível de modernização agrícola.

O valor do coeficiente de correlação (r = - 0,011) foi considerado não significativo. Por conseguinte, a hipótese nula ($H1_{.5}$) no caso do hábito de migração dos inquiridos tribais é aceite e pode concluir-se que o hábito de migração dos inquiridos não desempenhou qualquer papel no seu nível de modernização agrícola.

5.7.6 Participação social e modernização da agricultura

A participação social de um indivíduo oferece oportunidades para interagir com outros no sistema social e partilhar as ideias inovadoras, pelo que foi incluída neste estudo.

A participação social dos inquiridos teve uma correlação negativa e significativa com o seu nível de modernização agrícola, uma vez que o coeficiente de correlação (r = -0,134) foi considerado significativo ao nível de significância de 0,05.

Por conseguinte, a hipótese nula ($H1_{.6}$) no caso da participação social é rejeitada.

5.7.7 Fontes de informação e modernização da agricultura

O Quadro 23 indica uma relação positiva e não significativa entre as fontes de informação dos inquiridos e o seu nível de modernização agrícola. O valor calculado do coeficiente de correlação (r = 0,135) foi considerado não significativo. Por conseguinte, a hipótese nula ($H1_{.7}$) é aceite no caso das fontes de informação.

Esta conclusão é corroborada pelos estudos efectuados por Deshmukh e Chole (2001), Prajapati e Jadho (2001-02).

5.7.8 Nível de aspiração e modernização agrícola

O nível de aspiração dos inquiridos não conseguiu estabelecer uma relação significativa com o seu nível de modernização agrícola. Os resultados indicaram que o nível de modernização agrícola dos camponeses tribais era uniforme com diferentes níveis de aspiração.

Os dados mostram ainda que o valor do coeficiente de correlação calculado (r = -0,079) não é significativo, pelo que a hipótese nula ($H1_{.8}$) é aceite.

5.7.9 Motivação económica e modernização da agricultura

Houve uma relação positiva e significativa entre a motivação económica dos inquiridos e o seu nível de modernização agrícola, uma vez que o coeficiente de correlação calculado (r = 0,553) foi considerado positivamente significativo a um nível de probabilidade de 0,01. Por conseguinte, pode concluir-se que a motivação económica dos camponeses tribais foi significativa e positivamente associada ao seu nível de modernização agrícola. Isto significa que se observou uma maior modernização no caso dos inquiridos com maior grau de motivação económica. A motivação económica é uma das expressões mais importantes da excelência agrícola, do desenvolvimento económico e do progresso. Por conseguinte, os agricultores economicamente motivados podem ter um elevado grau de modernização. Por conseguinte, a hipótese nula ($H1_{.9}$) é rejeitada.

Este resultado está em consonância com o resultado registado por Patel (2005).

5.7.10 Orientação para o risco e modernização da agricultura

O valor do coeficiente de correlação (r = 0,362) foi considerado significativo ao nível de significância de 0,01, indicando que a orientação para o risco dos inquiridos estava positiva e significativamente relacionada com o seu nível de modernização agrícola. Isto indica que foi observada uma maior modernização nos inquiridos tribais no caso do seu grau mais elevado de orientação para o risco. É óbvio que uma pessoa altamente orientada para o risco está orientada para a maximização dos lucros da agricultura. Por conseguinte, têm uma perceção favorável à mudança progressiva, o que pode tê-los levado a um elevado nível de modernização.

Por conseguinte, a hipótese nula ($H1_{.10}$) é rejeitada no caso da orientação para o risco.

O resultado é corroborado pelas conclusões de Deshmukh e Chole (2001) e Patel (2005).

5.7.11 Orientação científica e modernização da agricultura

O Quadro 23 revela uma relação positiva e significativa entre a orientação científica dos inquiridos e o seu nível de modernização agrícola. Parte-se logicamente do princípio de que os agricultores com orientação científica terão mais modernização. É verdade que as pessoas com orientação científica têm mais tendência para utilizar métodos científicos na agricultura e têm uma perceção favorável da modernização devido ao seu elevado nível de interesse e fé na ciência e nas coisas modernas.

O valor calculado do coeficiente de correlação (r = 0,463) foi considerado significativo ao nível de significância de 0,01. Por conseguinte, a hipótese nula ($H1_{.11}$) é rejeitada no caso da orientação científica dos camponeses e conclui-se que a orientação científica dos camponeses mostrou uma correlação positiva e significativa com o seu nível de modernização agrícola.

Esta conclusão é apoiada pelas conclusões de Vastar *et al.* (2001), Jadhao (2002) e Patel (2005).

5.7.12 Atitude em relação ao Projeto Integrado de Desenvolvimento Tribal e à sua modernização agrícola

Pode ver-se no Quadro 23 que a atitude dos inquiridos em relação ao Projeto Integrado de Desenvolvimento Tribal tem uma correlação positiva e significativa (r = 0,551) com a sua modernização agrícola. Por conseguinte, rejeita-se a hipótese ($H1_{.12}$) de que não existe relação entre a atitude dos camponeses tribais em relação ao Projeto Integrado de Desenvolvimento Tribal e a sua modernização agrícola.

Assim, pode dizer-se que a atitude dos inquiridos em relação ao Projeto Integrado de Desenvolvimento Tribal teve maior influência na sua modernização agrícola. A disposição favorável em relação ao Projeto em geral e ao desenvolvimento da agricultura em particular leva-os a adotar inovações agrícolas com o aconselhamento atempado do pessoal do projeto, juntamente com os benefícios obtidos, o que se reflecte na mudança do seu padrão de vida e, consequentemente, na modernização agrícola.

[B] REGRESSÃO MÚLTIPLA

A análise de correlação apenas mostra a coexistência de associação entre duas variáveis. Não capta o efeito de interação entre variáveis. Uma variável está associada a outra ou depende simultaneamente de várias outras. A modernização agrícola foi postulada como uma função linear de variáveis pessoais, socioeconómicas, comunicacionais e psicológicas. Não é afetada por nenhum destes factores considerados isoladamente, mas como parte de um sistema complexo e em interação. Com base nesta abordagem, foi efectuada a análise de regressão múltipla utilizando o modelo liner para encontrar o efeito combinado das variáveis independentes na explicação da variação total da modernização agrícola.

Na análise de regressão múltipla, foram ajustadas 12 variáveis independentes para explicar a variação na modernização agrícola dos agricultores tribais. Os resultados relativos às mesmas são apresentados no Quadro 24.

Todas as variáveis independentes mencionadas no Quadro 24 explicaram 67,40 por cento da variação total da modernização agrícola entre os inquiridos. A variação não explicada de 32,60 por cento pode dever-se a factores fora do âmbito do estudo.

Quadro 24: Análise de regressão múltipla das variáveis independentes selecionadas com modernização agrícola dos agricultores tribais (n = 200)

N.º Sr.	Variáveis	Regressão Coeficiente (b)	S.E. de "b"	valor "t
[I]	**CARACTERÍSTICAS PESSOAIS :**			
1.	Idade (x_1)	-0.8600	0.0967	-8.892**
2.	Educação $(X)_2$	1.8181	0.5318	3.419**
[II].	**CARACTERÍSTICAS SOCIOECONÓMICAS :**			
3.	Exploração fundiária $(X)_3$	-1.7881	1.5652	-1.142
4.	Rendimento anual $(X)_4$	6.6689	4.9200	1.354
5.	Hábito de migração $(X)_5$	-0.2197	0.2281	-0.963
6.	Participação social $(X)_6$	-3.3179	0.9255	-3.585**
[IV].	**CARACTERÍSTICAS DE COMUNICAÇÃO :**			
7.	Fontes de informação $(X)_7$	0.2663	0.1193	2.232*
[V]	**CARACTERÍSTICAS PSICOLÓGICAS :**			
8.	Nível de aspiração $(X)_8$	-0.2313	0.1295	-1.787
9.	Motivação económica $(X)_9$	0.6035	0.1650	3.659**
10.	Orientação para o risco $(X)_{10}$	0.4130	0.1503	2.747**
11.	Orientação científica (x_{11})	0.4398	0.1559	2.822**
12.	Atitude em relação ao projeto de desenvolvimento tribal integrado $(X)_{12}$	-0.0600	0.0802	-0.748

* = Significativo ao nível de significância de 0,05 **R^2 = 0,6740**

** = Significativo ao nível de significância de 0,01 **Múltiplo 'R' = 0,8210**

O quadro 24 mostra que os valores 't' de quatro variáveis, a saber, educação (3,419), motivação económica (3,659), orientação para o risco (2,747) e orientação científica (2,822) foram positivamente significativos ao nível de significância de 0,01, indicando uma contribuição positivamente significativa destas variáveis para explicar a variação na modernização agrícola entre os inquiridos tribais. Por outro lado, duas variáveis, *nomeadamente* a idade (8,892) e a participação social (-3,585), foram negativamente significativas ao nível de significância de 0,01, indicando uma contribuição negativa destas variáveis para explicar a variação na modernização agrícola entre os inquiridos tribais. Uma variável, *a saber,* fontes de informação (2,232), foi positivamente significativa ao nível de significância de 0,05, indicando

A variável "modernização da agricultura" não contribuiu significativamente para explicar a variação na modernização agrícola entre os inquiridos tribais. As restantes cinco variáveis, *nomeadamente a* posse de terras, o rendimento anual, o hábito de migração, o nível de aspiração e a atitude em relação ao ITDP, não contribuíram significativamente para a modernização agrícola entre os agricultores tribais.

Também se pode observar que o R^2 foi de 0,6651, o que indica que 66,51% da variação total da modernização agrícola entre os agricultores tribais foi explicada por um conjunto de 12 variáveis independentes. Das 12 variáveis, sete variáveis, *nomeadamente* idade, educação, participação social, fontes de informação, motivação económica, orientação para o risco e orientação científica, contribuíram significativamente para a modernização agrícola dos agricultores tribais.

Tabela 25: Análise de regressão múltipla passo a passo das variáveis independentes com a modernização agrícola dos agricultores tribais (n = 200)

Sr. Não.	Variáveis independentes	Coeficiente de regressão parcial (bi)	S.E. de bi	Valor "F	Valor "T	Coeficiente de Regressão parcial Std.	Rank
1.	Idade (xi)	-0.8871	0.0815	118.476	10.88	-51.94	I
2.	Motivação económica(x9)	0.6327	0.1456	18.881	4.34	21.12	II
3.	Orientação científica (X)11	0.4585	0.1487	9.505	3.083	15.43	IV
4.	Participação social (X6)	-3.4628	0.8871	15.237	3.90	-16.71	III
5.	Educação (X)2	1.5495	0.5122	9.153	3.025	13.18	V
6.	Fontes de informação (X)7	0.3027	0.1107	7.483	2.73	11.55	VII
7.	Orientação para o risco (X)10	0.3609	0.1453	6.167	2.483	12.15	VI

Constante = 58, 41R2 = 0,6651Múltiplo 'R' = 0,8156

Na análise de regressão stepwise, foram consideradas 7 variáveis independentes com contribuição significativa na modernização agrícola e os resultados são apresentados na Tabela 25.

O Quadro 25 mostra claramente que sete variáveis, *nomeadamente,* idade, motivação económica, orientação científica, participação social, educação, fontes de informação e orientação para o risco, em conjunto, explicam 66,51% da variação total da modernização agrícola dos agricultores tribais, uma vez que o R^2 foi de 0,6651.

Também se pode ver no Quadro 25 que os valores de "F" para todas as sete variáveis foram considerados significativos quer ao nível de significância de 0,05 quer ao nível de significância de 0,01, indicando uma contribuição significativa destas sete variáveis na modernização agrícola dos agricultores tribais. O coeficiente de regressão parcial indica que uma mudança unitária na idade, na motivação económica, na orientação científica, na participação social, na educação, nas fontes de informação e na orientação para o risco alteraria -51,94, 21,12, 15,43, -16,71, 13,18, 11,55 e 12,15 unidades na modernização agrícola dos agricultores tribais, respetivamente.

Com base nos resultados da análise de regressão por etapas, foi obtido o seguinte modelo de regressão.

$$\mathbf{Y_1 = a + b\,X + b_{1199} + Xb\,X_{1111} + b\,X_{66} + b\,X_{22} + b\,X_{77} + b\,X_{1010}}$$

Onde,

Y1 = Variável dependente prevista

A=A interceção, *ou seja,* 58,41

b1=Coeficiente de regressão parcial de **Y1** em X1 (Idade)

b_9 =Co-eficiente de regressão parcial de **Y1** em X9 (motivação económica)
b_{11} =Co-eficiente de regressão parcial de **Y1** em x_{11} (Orientação científica)
b_6 =Co-eficiente de regressão parcial de **Y1** em X6 (Participação social)
b_2 =Co-eficiente de regressão parcial de **Y1** em X2 (Educação)
B_7 Co-eficiente de regressão parcial de **Y1** em X7 (Fontes de informação)
b_{10} Co-eficiente de regressão parcial de **Y1** em x_{10} (Orientação para o risco)
Substituindo o valor de "a" e "bi", o modelo é o seguinte

Y1 = (58,41) + (-0,8871) X1 + (0,6327) x_9+ (0,4585) x_{11} + (-3,4628) X6 + (1,5495) x_2+ (0,3027) X7 + (0,3609) x_{10}

As diferentes variáveis independentes tinham a sua própria unidade de medida, o que não permitia a comparação dos valores dos coeficientes parciais de regressão. Para facilitar a comparação, os valores parciais da regressão foram convertidos em valores parciais padrão, livres da unidade de medida. As variáveis independentes foram então ordenadas com base nos valores do coeficiente de regressão parcial padrão (b_i), que são apresentados na Tabela 26. A ordem destas sete variáveis, da mais alta para a mais baixa, foi a seguinte: (i) idade (-51,94), (ii) motivação económica (21,12), (iii) participação social (16,71), (iv) orientação científica (15,43), (v) educação (13,18), (vi) orientação para o risco (12,15) e (viii) fontes de informação (11,55).

O Quadro 26 mostra também que a variável idade, por si só, representou 48,45% da variação na modernização agrícola dos agricultores tribais, seguida da idade + motivação económica (56,02%), idade + motivação económica + orientação científica (60,78%), idade + motivação económica + orientação científica + participação social (63.03%), idade + motivação económica + orientação científica + participação social + educação (64,33%), idade + motivação económica + orientação científica + participação social + educação + fontes de informação (65,44%) e idade + motivação económica + orientação científica + participação social + educação + fontes de informação + orientação para o risco (66,51%).

Tabela 26: Variação stepwise contabilizada por variáveis independentes selecionadas na modernização agrícola dos agricultores tribais (n = 200)

Sr. Não.	Variáveis independentes	Múltiplos "R	Variação total contabilizada R^2	Variação entre etapas
1.	Idade (x_1)	-0.6961	0.4845 (48.45 %)	48.45
2.	Motivação económica(x_9)	0.7485	0.5602 (56.02 %)	7.57
3.	Orientação científica $(X)_{11}$	0.7796	0.6078 (60.78 %)	4.76
4.	Participação social $(X)_6$	0.7939	0.6303 (63.03 %)	2.25
5.	Educação $(X)_2$	0.8021	0.6433 (64.33 %)	1.30
6.	Fontes de informação (x_7)	0.8089	0.6544 (65.44 %)	1.11
7.	Orientação para o risco $(X)_{10}$	0.8156	0.6651 (66.51 %)	1.07
			Total	**66.51**

Pode concluir-se dos resultados acima referidos da análise de regressão passo a passo que 66,51% da variação foi explicada pela idade (x_1), motivação económica (x_9), orientação científica (x_{11}), participação social (x_6), educação (x_2), fontes de informação (x_7) e orientação para o risco (x_{10}) em conjunto na modernização agrícola dos agricultores tribais. O valor do coeficiente de regressão parcial estandardizado indica que a idade (48,45) se encontra na ordem de grandeza mais elevada, o que reflecte a sua importância.

[C] EFEITO DIRECTO E INDIRECTO DAS VARIÁVEIS INDEPENDENTES SOBRE A MODERNIZAÇÃO AGRÍCOLA DOS INQUIRIDOS

Os valores do coeficiente de correlação (r) foram considerados significativos no caso de 7 variáveis, tal como mencionado anteriormente. Assim, os dados indicam que a relação observada entre as variáveis era apenas parcialmente absoluta e parcialmente relativa e que uma relação parcial era uma contribuição dada por outras variáveis que exerciam a sua influência conjuntamente.

Por conseguinte, considerou-se necessário estudar a influência de uma variável sobre outra variável, tanto diretamente como através de outras variáveis apresentadas na situação. Assim, todas as variáveis foram submetidas a uma análise de trajetória. O resultado da análise de trajetória é apresentado no Quadro 27.

Quadro 27: Efeito direto e indireto das variáveis independentes na agricultura modernização dos inquiridos

Sr. Não.	Variáveis		Efeito direto	Efeito indireto total	Primeiro Efeito indireto substancial através de (Através de variáveis)	
1.	Idade	(x_1)	-0.0503	-0.6456	-0.0886	X_9
2.	Educação	(x_2)	0.1547	0.0963	0.0980	X_1
3.	Exploração de terras	(x_3)	-0.1167	0.3357	0.1335	X_4
4.	Rendimento anual	(x_4)	0.1524	0.2651	0.1700	X_1
5.	Hábito de migração	(x_5)	-0.0445	0.0332	0.0305	X_2
6.	Social Participação	(x_6)	-0.1601	0.0260	0.0313	X_1
7.	Fontes de informação	(x_7)	0.1017	0.0335	0.0408	X_4
8.	Nível de aspiração	(x_8)	-0.0824	0.0034	-0.0760	X_1
9.	Motivação económica	(x_9)	0.2016	0.3514	0.2213	X_1
10.	Orientação para o risco	(x_{10})	0.1391	0.2231	0.1011	X_1
11.	Orientação científica	(x_{11})	0.1480	0.3153	0.1454	X_1
12.	Atitude em relação ao ITDP	(x_{12})	-0.0476	0.5986	0.3034	X_1

Efeito direto

Os dados do Quadro 27 revelam que as variáveis educação, rendimento anual, fontes de informação, motivação económica, orientação para o risco e orientação científica tiveram um efeito direto positivo na modernização da agricultura. Por outro lado, a idade, a posse de terra, o hábito de migração, a participação social, o nível de aspiração e a atitude em relação ao Projeto Integrado de Desenvolvimento Tribal exerceram um efeito direto negativo na modernização agrícola.

A motivação económica teve um efeito direto positivo máximo (0,2016) na modernização agrícola, seguida da educação (0,1547), do rendimento anual (0,1524), da orientação científica (0,1480), da orientação para o risco (0,1391) e das fontes de informação (0,1017). Por outro lado, a participação social teve o efeito direto negativo mais elevado (-0,1601), seguida da posse de terras (-0,1167) e do nível de aspiração (-0,0824).

Pode assim inferir-se que as principais variáveis que contribuíram com o máximo efeito direto e positivo para a modernização agrícola foram a motivação económica e a educação, ao passo que a participação social exerceu um efeito direto e negativo na modernização agrícola.

Efeito indireto total

Pode observar-se que a atitude dos agricultores em relação ao Projeto Integrado de Desenvolvimento Tribal teve um efeito indireto total positivo máximo (0,5986), seguido da motivação económica (0,3514), da propriedade fundiária (0,3357), da orientação científica (0,3153) e do rendimento anual (0,2651), ao passo que a idade teve um efeito indireto negativo máximo (0,6456) na modernização agrícola.

Efeito indireto substancial

No que diz respeito ao efeito indireto substancial, oito variáveis foram encaminhadas através da idade, duas através do rendimento anual e uma através da educação e da motivação económica.

Além disso, o primeiro efeito indireto positivo substancial na modernização da agricultura foi apresentado pela atitude dos agricultores em relação ao Projeto Integrado de Desenvolvimento Tribal (0,3034), seguido da motivação económica (0,2213), do rendimento anual (0,1700) e da orientação científica (0,1454), todos através da idade. No entanto, a idade teve um efeito indireto negativo substancial na modernização agrícola (-0,0886) através da motivação económica.

Por conseguinte, pode concluir-se que a idade foi a variável-chave que exerceu um efeito direto e indireto considerável e que o Projeto Integrado de Desenvolvimento Tribal teve um efeito indireto total positivo máximo

5.8 [A] RELAÇÃO ENTRE AS VARIÁVEIS INDEPENDENTES SELECCIONADAS E A MUDANÇA SÓCIO-TÉCNICA-ECONÓMICA

Os resultados apresentados no Quadro 28 revelam que, das doze variáveis independentes, seis variáveis, nomeadamente a educação, o rendimento anual, a motivação económica, a orientação para o risco, a orientação científica e a atitude em relação ao Projeto Integrado de Desenvolvimento Tribal dos inquiridos, apresentaram uma correlação positiva e significativa com o seu nível de mudança socio-tecnológica. Duas variáveis, *nomeadamente* a idade e a participação social dos inquiridos, apresentaram uma correlação negativa e significativa com a mudança sociotécnica dos agricultores tribais e as restantes variáveis, *nomeadamente* a dimensão da propriedade fundiária, o hábito de migração, a fonte de informação e o nível de aspiração, não estabeleceram uma relação significativa com a sua mudança sociotécnica.

Quadro 28: Relação entre as variáveis independentes selecionadas e as variáveis sócio-técnicas

mudança económica (n=200)

N.º Sr.	Variáveis independentes	Coeficiente de correlação (valor r)
I	**Pessoal**	

1.	Idade	-0.280‡
2.	Educação	0.201§
II	**Socioeconómico**	
3.	Dimensão da exploração agrícola	-0,119NS
4.	Rendimento anual	0.225**
5.	Hábito de migração	0,118NS
6.	Participação social	-0.189**
III	**Comunicação**	
7.	Fontes de informação	0,107NS
IV	**Psicológico**	
8.	Nível de aspiração	0,136NS
9.	Motivação económica	0.339**
10.	Orientação para o risco	0.377**
11.	Orientação científica	0.415**
12.	Atitude em relação ao Projeto Integrado de Desenvolvimento Tribal (ITDP)	0.356**

Esta conclusão está em consonância com as conclusões de Suthar (2010), Pandya (2011) e Rai (2011).

5.8.2 Educação e mudança sociotécnica e económica

O valor calculado do coeficiente de correlação (r = 0,201) foi considerado positivamente significativo a um nível de probabilidade de 0,05, o que indica que existe uma relação positiva e significativa entre a educação dos inquiridos e o seu nível de mudança socio-tecnológica. Os resultados indicaram que os agricultores com um nível de educação mais elevado teriam um nível mais elevado de mudança sociotécnica e económica. A educação abre uma avenida mental para colher frutos de novas inovações através da sua aplicação na vida quotidiana para resolver os problemas que resultam na mudança sociotécnica e económica.

A hipótese nula ($H2_{.2}$) no caso da educação é rejeitada.

Esta conclusão está em conformidade com as conclusões de Pandya (2011) e Raut (2013).

‡ Significativo ao nível de significância de 0,01

5.8.1 Idade e evolução sócio-técnico-económica

O resultado apresentado no Quadro 28 reflecte que a idade dos inquiridos tem uma correlação negativa significativa com o seu nível de mudança sociotécnica. A tendência negativa indica que, à medida que a idade dos inquiridos aumenta, o seu nível de mudança sociotécnica também aumenta. Isto significa que os agricultores mais jovens parecem ser mais propensos à mudança em termos de aspectos socioeconómicos e tecnológicos. Por outro lado, os agricultores idosos parecem ser menos propensos à mudança devido à sua relutância em aprender.

O valor calculado do coeficiente de correlação (r = -0,280) foi considerado negativamente significativo. Por conseguinte, a hipótese nula ($H2_{.1}$) no caso da idade dos inquiridos é rejeitada e pode concluir-se que a idade dos inquiridos estava significativa mas negativamente correlacionada com o seu nível de mudança sociotécnica.

§ Significativo ao nível de significância de 0,05

5.8.3 Dimensão da exploração fundiária e alterações sócio-técnicas e económicas

O resultado do Quadro 28 indica que o valor do coeficiente de correlação (r = - 0,119) foi considerado não significativo. Assim, não se verificou uma correlação significativa entre a dimensão da propriedade fundiária dos inquiridos e o seu nível de mudança sociotécnica. Os resultados indicam que a mudança sociotécnica dos camponeses tribais foi observada de forma homogénea, independentemente da dimensão da sua exploração. Por conseguinte, os benefícios obtidos no âmbito do projeto de desenvolvimento tribal integrado foram uniformes, independentemente da dimensão das suas terras.

A hipótese nula ($H2_{.3}$) no caso da dimensão da exploração fundiária é assim aceite.

Esta conclusão está em conformidade com as conclusões de Rai (2011) e Raut (2013).

5.8.4 Rendimento anual e evolução sócio-técnica

Pode observar-se no Quadro 28 que o rendimento anual tem uma relação positiva e significativa (r = 0,225) com a mudança socio-tecnológica dos inquiridos. Isto proporcionou uma base suficiente para rejeitar a hipótese nula ($H2_{.4}$), segundo a qual "não há relação entre o rendimento anual dos inquiridos e a sua mudança sociotécnica". Assim, pode afirmar-se que, à medida que o rendimento anual aumenta, o nível de mudança sociotécnica entre os inquiridos também aumenta e, por conseguinte, pode dizer-se que o rendimento anual impulsiona a mudança sociotécnica entre os agricultores tribais.

Este resultado está em consonância com os resultados registados por Suthar (2010), Pandya (2011) e Patel (2011).

5.8.5 Hábitos de migração e mudanças socio-técnicas

O resultado apresentado no Quadro 28 reflecte que o hábito de migração dos inquiridos não tem uma relação significativa com o seu nível de mudança socio-tecnológica.

O valor do coeficiente de correlação (r = 0,118) foi considerado não significativo. Por conseguinte, a hipótese nula ($H2_{.5}$) é aceite e pode concluir-se que o hábito de migração dos camponeses tribais não desempenhou um papel vital no seu nível de mudança sociotécnica e económica.

5.8.6 Participação social e mudança sociotécnica

A participação social dos inquiridos teve uma correlação negativa e significativa com o seu nível de mudança sociotécnica, uma vez que o coeficiente de correlação (r = - 0,189) foi considerado significativo ao nível de 0,05.

Assim, a hipótese nula ($H2_{.6}$) no caso da participação social é rejeitada. Este resultado está em consonância com os resultados registados por Suthar (2010) e Rai (2011).

5.8.7 Fontes de informação e mudanças sociotécnicas e económicas

O coeficiente de correlação calculado, como mostra o Quadro 28 (r = 0,107), não é significativo, o que indica que não existe uma relação significativa entre as fontes de informação dos inquiridos e o seu nível de mudança sociotécnica e económica. Isto significa que os camponeses diferiam significativamente uns dos outros nas suas fontes de informação no que diz respeito à sua mudança sociotécnica e económica.

Por conseguinte, a hipótese nula ($H2_{.7}$) é rejeitada no caso das fontes de informação.

Esta conclusão é corroborada pelo estudo efectuado por Vankar (2000).

5.8.8 Nível de aspiração e evolução sociotécnica

O nível de aspiração dos inquiridos não conseguiu estabelecer uma relação significativa com o seu nível de mudança sociotécnica, uma vez que o valor do coeficiente de correlação calculado (r = 0,136) foi considerado positivamente não significativo, pelo que a hipótese nula ($H2_{.8}$) é aceite. Isto significa que houve homogeneidade no nível de aspiração dos inquiridos relativamente à mudança sociotécnica e económica.

Este resultado confirma o resultado de Patel (2005) no caso dos pequenos camponeses.

5.8.9 Motivação económica e mudança sociotécnica

O Quadro 28 indica uma relação positiva e significativa entre a motivação económica dos inquiridos e o seu nível de mudança sociotécnica, uma vez que o coeficiente de correlação (r = 0,339) foi positivamente significativo ao nível de significância de 0,05. Por conseguinte, pode concluir-se que a motivação económica está significativa e positivamente associada ao nível de mudança sociotécnica dos inquiridos. Isto significa que se observou uma mudança sociotécnica mais elevada nos inquiridos que tinham um grau mais elevado de motivação económica. A motivação económica é um vírus mental que leva ao desejo de melhorar as condições económicas. A hipótese nula ($H2_{.9}$) é, por conseguinte, rejeitada. Este resultado está em consonância com os resultados registados por Suthar (2010) e Pandya (2011).

5.8.10 Orientação para o risco e mudanças sociotécnicas e económicas

A orientação para o risco dos inquiridos foi positiva e significativamente relacionada com o seu nível de mudança sociotécnica e económica. Isto indica que se observou uma maior mudança sociotécnica e económica nos inquiridos quando estes tinham um grau mais elevado de orientação para o risco. Os agricultores com um nível mais elevado de orientação para o risco estariam muito à frente dos outros na exploração do potencial das tecnologias disponíveis, o que os obrigou a tomar a decisão de adotar uma inovação, o que resultou na sua influência na mudança sociotécnica e económica.

O valor do coeficiente de correlação (r = 0,377) foi considerado significativo ao nível de significância de 0,01. Por conseguinte, a hipótese nula ($H2_{.10}$) foi rejeitada.

O resultado é corroborado pelas conclusões de Patel (2005) e Suthar (2010).

5.8.11 Orientação científica e mudança sócio-técnica-económica

O quadro 28 revela uma relação positiva e significativa entre a orientação científica dos agricultores e o seu nível de mudança sociotécnica. Isto significa que os inquiridos eram significativamente heterogéneos na sua orientação científica, no que diz respeito ao seu nível de mudança sociotécnica e económica. Parte-se do princípio lógico de que os agricultores com maior orientação científica terão maior poder de receção em relação a tecnologias agrícolas complicadas, criando assim uma disposição positiva em relação a uma inovação que, em última análise, se reflecte na mudança sociotécnica e económica.

O valor calculado do coeficiente de correlação (r = 0,415) foi considerado significativo ao nível de significância de 0,01. Por conseguinte, a hipótese nula ($H2_{.11}$) foi rejeitada e conclui-se que a orientação científica dos agricultores mostrou uma correlação positiva e significativa com o seu nível de mudança sociotécnica e económica.

Esta conclusão é apoiada pela conclusão de Patel (2005).

5.8.12 Atitude em relação ao Projeto Integrado de Desenvolvimento Tribal e às mudanças socio-técnicas e económicas

A relação entre a atitude dos agricultores em relação ao projeto de desenvolvimento tribal integrado e a sua mudança socio-técnica foi considerada positivamente significativa. O valor calculado do coeficiente de correlação (r = 0,356) foi considerado positivo e significativo ao nível de significância de 0,01, o que constitui uma base suficiente para rejeitar a hipótese ($H2_{.12}$). Assim, pode concluir-se que a atitude dos agricultores em relação ao Projeto Integrado de Desenvolvimento Tribal desempenha um papel importante na influência da sua mudança sócio-técnica-económica. O positivismo é uma condição prévia para motivar as pessoas a agir de determinada forma com vista ao desenvolvimento. Por conseguinte, o positivismo em relação ao projeto de desenvolvimento tribal integrado leva-os a tirar partido dos benefícios e, em última análise, reflecte-se na mudança sociotécnica e económica.

Esta conclusão é apoiada pelas conclusões de Suthar (2010), Pandya (2011) e Ruat (2013).

[B] REGRESSÕES MÚLTIPLAS

Na análise de regressão múltipla, foram ajustadas 12 variáveis independentes para explicar a variação na mudança sócio-técnica-económica dos agricultores tribais. Os resultados relativos às mesmas são apresentados no Quadro 29.

Todas as variáveis independentes mencionadas no Quadro 29 explicam 58,26% da variação total da mudança sócio-técnica-económica entre os inquiridos. A variação não explicada de 41,74% pode dever-se a factores fora do âmbito do estudo.

Tabela 29: Análise de regressão múltipla das variáveis independentes selecionadas com mudança sócio-técnica-económica (n = 200)

Sr. Não.	Variáveis	Regressão Coeficiente(b)	S.E. de "b"	valor "t
[I]	CARACTERÍSTICAS PESSOAIS :			
1.	Idade (x_i)	0.1004	0.0899	1.117
2.	Educação (X)2	1.7954	0.4943	3.632**
[II].	CARACTERÍSTICAS SOCIOECONÓMICAS :			
3.	Exploração fundiária (X)3	-14.87	1.4551	-10.221**
4.	Rendimento anual (X)4	4.1043	4.5772	8.967**
5.	Hábito de migração (X)5	0.1150	0.2121	0.542
6.	Participação social (x_6)	-1.9632	0.8604	-2.582**
[IV].	CARACTERÍSTICAS DE COMUNICAÇÃO :			
7.	Fontes de informação (X)7	0.1161	0.1109	1.047
[V]	CARÁCTER PSICOLÓGICO].	RISCOS :		
8.	Nível de aspiração (X)8	-0.958	0.1204	-0.796
9.	Motivação económica (X)9	0.0757	0.1534	0.494
10.	Orientação para o risco (X)10	0.3155	0.1398	2.257*
11.	Orientação científica (X)11	0.2738	0.1449	1.989*
12.	Atitude em relação ao projeto de desenvolvimento tribal integrado (X)12	0.1029	0.0746	1.379

* = Significativo ao nível de significância de 0,05 **R^2 = 0.5826**

** = Significativo ao nível de significância de 0,01 **Múltiplo 'R' = 0,7633**

O quadro 29 mostra que os valores "t" de duas variáveis, a saber, educação (3,632) e

rendimento anual (8,967) foram positivamente significativas ao nível de significância de 0,01, o que indica a sua contribuição significativa para explicar a variação da mudança socio-técnica entre os inquiridos tribais. Por outro lado, duas variáveis, *a saber, a* posse de terras (-10,221) e a participação social (-2,582), foram negativamente significativas ao nível de 0,01, o que mostra a sua contribuição significativa para explicar a variação da mudança socio-técnica entre os inquiridos tribais. Duas variáveis, a saber, a orientação para o risco (2,257) e a orientação científica (1,989), foram positivamente significativas ao nível de significância de 0,05, o que indica a sua contribuição significativa para explicar a variação da mudança sociotécnica e económica entre os inquiridos tribais. Assim, as seis variáveis acima referidas contribuíram significativamente para explicar a variação da mudança sociotécnica e económica entre os inquiridos tribais. As restantes seis variáveis, *nomeadamente* a idade, o hábito de migração, as fontes de informação, o nível de aspiração, a motivação económica e a atitude em relação ao ITDP, não contribuíram significativamente para a mudança sociotécnica entre os agricultores tribais.

Verifica-se ainda que 58,26% da variação total da mudança sociotécnica dos agricultores tribais foi explicada por um conjunto de 12 variáveis independentes. Das 12 variáveis, seis, a saber, educação, rendimento anual, propriedade fundiária, participação social, orientação para o risco e orientação científica, contribuíram significativamente para a mudança socio-tecnológica dos agricultores tribais.

Quadro 30 Análise de regressão múltipla passo a passo das variáveis independentes com mudança sócio-técnica-económica (n = 200)

Sr. Não.	Variáveis independentes	Coeficiente de regressão parcial (bi)	S.E. de bi	Valor "F	Valor "T	Coeficiente de Regressão parcial Std.	Classificação
1.	Educação *(x2)*	1.8847	0.4650	16.425	4.052	19.52	III
2.	Exploração fundiária (X)3	-14.9474	1.3149	129.232	11.36	-118.65	II
3.	Rendimento anual (X)4	4.2680	3.9137	118.929	10.90	118.66	I
4.	Participação social (x6)	-2.2521	0.8244	7.463	2.73	-13.22	V
5.	Orientação para o risco (X)10	0.3237	0.1339	5.842	2.41	13.26	IV
6.	Orientação científica (XO	0.2868	0.1403	4.176	2.04	11.75	VI

Constante = 40, 3181R^2 = 0,5730 Múltiplo 'R' = 0,7569

Na análise de regressão por etapas, foram consideradas as 6 variáveis independentes com uma contribuição significativa para a mudança socio-técnica-económica e os resultados são apresentados no Quadro 31.

O quadro 30 mostra claramente que seis variáveis, *nomeadamente* a educação, a propriedade fundiária, o rendimento anual, a participação social, a orientação para o risco e a orientação científica, no seu conjunto, explicam 57,30% da variação total da mudança socio-técnica-económica do agricultor tribal.

Também se pode ver no Quadro 30 que os valores "F" para todas as seis variáveis foram considerados significativos, quer ao nível de significância de 0,05 quer ao nível de significância de 0,01, indicando uma contribuição significativa destas seis variáveis na mudança socio-técnica-económica dos agricultores tribais. O coeficiente de regressão parcial indica que uma mudança unitária na educação, na propriedade fundiária, no rendimento anual, na participação social, na orientação para o risco e na orientação científica alteraria 19,52, -118,65, 118,66, 13,22, 13,26 e 11,75 unidades na mudança socio-técnica dos agricultores tribais, respetivamente.

Com base nos resultados da análise de regressão por etapas, foi obtido o seguinte modelo de regressão.

Y2 = a + b2X2+b3X3+ b4X4+ b6X6+ b10X10+ b11X11

Onde,

Y2 = Variável dependente prevista

A = A interceção, *ou seja,* 40,3181

b11 = Co-eficiente de regressão parcial de **Y2** em X2 (Educação)

B13 = Coeficiente de regressão parcial de **Y2** sobre X3 (Exploração fundiária)

b6 =Co-eficiente de regressão parcial de **Y2** em X4 (Rendimento anual)

B2 =Co-eficiente de regressão parcial de **Y2** em X6 (participação social)

B4 =Co-eficiente de regressão parcial de **Y2** em x10 (orientação para o risco)

B3 =Co-eficiente de regressão parcial de **Y2** em x11 (Orientação científica)

Substituindo o valor de "a" e "bi", o modelo é o seguinte

Y2 = (40,3181) + (1,8847) X2 + (-14,9474) X3 + (4,2680) X4 + (-2,2521) X6 + (0,3237) x10+

(0,2868) x_{11}

As diversas variáveis independentes tinham a sua própria unidade de medida, o que não permitia a comparação dos valores dos coeficientes parciais de regressão. Para facilitar a comparação, os valores parciais da regressão foram convertidos em valores parciais padrão, livres das unidades de medida. As variáveis independentes foram então ordenadas com base nos valores do coeficiente de regressão parcial padrão (b_i), que são apresentados na Tabela 30. A ordem das seis variáveis, da mais alta para a mais baixa, foi a seguinte: (i) rendimento anual (118,66), (ii) propriedade fundiária (-118,65), (iii) educação (19,52), (iv) orientação para o risco (13,26), (v) participação social (-13,22) e (vi) orientação científica (11,75).

Foi também calculada a variação passo a passo representada pelas variáveis selecionadas. Os resultados apresentados no quadro 31 mostram que a variável "educação", por si só, representou 17,29% da variação na mudança socio-técnica-económica dos agricultores tribais, seguida da variável "educação + propriedade fundiária" (28,50%), "educação + propriedade fundiária + rendimento anual" (52,42%), "educação + propriedade fundiária + rendimento anual + participação social" (54,53%), "educação + propriedade fundiária + rendimento anual + participação social + orientação para o risco" (56,00%), "educação + propriedade fundiária + rendimento anual + participação social + orientação para o risco + orientação científica" (57,30%).

Quadro 31 Variação stepwise contabilizada por variáveis independentes selecionadas na mudança socio-técnica-económica dos agricultores tribais (n = 200)

Sr. Não.	Variáveis independentes	Múltiplos 'R'	Variação total contabilizada R^2	Variação entre etapas
1.	Educação (x_2)	0.4158	0.1729 (17.29 %)	17.29
2.	Exploração de terras *(x_3)*	0.5390	0.2850 (28.50 %)	11.21
3.	Rendimento anual $(X)_4$	0.7240	0.5242 (52.42 %)	23.92
4.	Participação social (x_6)	0.7384	0.5453 (54.53 %)	2.11
5.	Orientação para o risco $(X)_{10}$	0.7483	0.5600 (56.00 %)	1.47
6.	Orientação científica (x_{11})	0.7569	0.5730 (57.30 %)	1.30
			Total	**57.30**

Pode concluir-se dos resultados acima referidos da análise de regressão passo a passo que 57,30% da variação foi explicada pela educação (x_2), pela posse da terra (x_3), pelo rendimento anual (x_4), pela participação social (x_6), pela orientação para o risco (x_2) e pela orientação científica (x_{13}) em conjunto na mudança socio-técnica-económica dos agricultores tribais. O valor do coeficiente de regressão parcial estandardizado indica que o rendimento anual (23,92) se situa na ordem de grandeza mais elevada, o que reflecte a sua importância.

[C] EFEITO DIRECTO E INDIRECTO DAS VARIÁVEIS INDEPENDENTES DOS AGRICULTORES TRIBAIS NA MUDANÇA SÓCIO-TÉCNICA-ECONÓMICA

Verificou-se que os valores do coeficiente de correlação (r) eram significativos no caso de 8 variáveis, tal como mencionado anteriormente. Assim, os dados indicam que a relação observada entre as variáveis era parcialmente absoluta e parcialmente relativa e que uma relação parcial era uma contribuição dada por outras variáveis que exerciam a sua influência conjuntamente.

Por conseguinte, era necessário estudar a influência de uma variável sobre outra variável, tanto diretamente como através de outras variáveis apresentadas na situação. Assim, as variáveis significativas foram objeto de uma análise de percurso. O resultado da análise de trajetória é apresentado no Quadro 32.

Quadro 32 Efeito direto e indireto das variáveis independentes no desempenho sociotécnico mudança económica

Sr. Não.	Variáveis		Efeito direto	Efeito indireto total	Primeiro efeito indireto substancial (Através de variáveis)	
1.	Idade	(x_1)	0.0716	-0.3524	-0.3851	X4
2.	Educação	(x_2)	0.1860	0.0150	0.0692	X4
3.	Exploração de terras	(x_3)	-1.1808	1.061	1.0001	X4
4.	Rendimento anual	(x_4)	1.1411	-0.9157	-1.0349	X3
5.	Hábito de migração	(x_5)	0.0282	0.0907	0.2603	X3
6.	Social Participação	(X)	-0.1153	-0.0742	-0.0501	X4
7.	Fontes de informação	(x_7)	0.0539	0.0531	0.3056	X4
8.	Nível de aspiração	(x_8)	-0.0415	0.1781	0.1321	X3
9.	Motivação económica	(x_9)	0.0308	0.3083	0.5342	X4
10.	Orientação para o risco	(x_{10})	0.1293	0.2477	0.2005	X4
11.	Orientação científica	(x_{11})	0.1122	0.3036	0.3678	X4
12.	Atitude em relação ao ITDP	(x_{12})	0.0993	0.257	0.4920	X4

Efeito direto

Os dados do quadro 32 revelam que as variáveis idade, educação, rendimento anual, hábito de migração, fontes de informação, motivação económica, orientação para o risco, orientação científica e atitude em relação ao projeto de desenvolvimento tribal integrado tiveram um efeito direto positivo, ao passo que as três variáveis restantes, nomeadamente, propriedade fundiária, participação social e nível de aspiração, tiveram um efeito direto negativo na mudança sociotécnica e económica.

O rendimento anual teve um efeito direto positivo máximo (1,1411) na mudança sociotécnica e económica, seguido da educação (0,1860), da orientação para o risco (0,1293) e da orientação científica (0,1122), ao passo que a dimensão da propriedade fundiária teve o efeito direto negativo mais elevado (-1,1808), seguido da participação social (-0,1153).

Pode, assim, inferir-se que as principais variáveis que contribuíram para o efeito direto e positivo máximo na mudança sociotécnica foram o rendimento anual, a educação e a orientação para o risco.

Efeito indireto total

No que diz respeito ao efeito indireto total, 9 variáveis, nomeadamente, educação, propriedade fundiária, hábito de migração, fontes de informação, nível de aspiração, motivação económica, orientação para o risco, orientação científica e atitude em relação ao ITDP, tiveram um efeito indireto total positivo na mudança socio-tecnológica. As restantes variáveis, nomeadamente a idade, o rendimento anual e a participação social, tiveram um efeito indireto total negativo na mudança sociotécnica. Além disso, pode observar-se que a posse de terras (1,061) teve um efeito indireto total positivo máximo, seguido da motivação económica (0,3083), da orientação científica (0,3036) e da orientação para o risco (0,2477), enquanto o rendimento anual teve um efeito indireto negativo máximo (-0,9157).

Efeito indireto substancial

Foi ainda revelado que, dos 12 efeitos indirectos substanciais, nove eram canalizados através do rendimento anual e três através da posse de terras.

No que se refere ao efeito indireto substancial, o primeiro efeito indireto positivo substancial sobre a mudança sociotécnica e económica foi produzido pela propriedade fundiária (1,0001), seguido da motivação económica (0,5342) e da atitude do agricultor em relação ao projeto de desenvolvimento tribal integrado (0,4920) através do rendimento anual. No entanto, o rendimento anual (-1,0349) teve um efeito indireto negativo substancial nas mudanças sociotécnicas e económicas através da exploração fundiária.

Pode, portanto, concluir-se que o rendimento anual foi a variável-chave que exerceu um efeito direto considerável e um efeito indireto subsequente.

5.9 CONDICIONALISMOS ENFRENTADOS PELOS AGRICULTORES TRIBAIS NA OBTENÇÃO DE BENEFÍCIOS AO ABRIGO DO ITDP

Pode haver uma série de constrangimentos no caminho dos agricultores para alcançar a modernização agrícola e, assim, a mudança sócio-técnico-económica. Estes constrangimentos podem ser de ordem pessoal, económica e institucional. Tais constrangimentos enfrentados pelos agricultores dificultam a adoção de tecnologias agrícolas melhoradas e, por conseguinte, os resultados desejados não podem ser alcançados. Por conseguinte, considerou-se imperativo identificar os constrangimentos enfrentados pelos agricultores. Os constrangimentos enfrentados pelos agricultores para acelerar a modernização agrícola e a mudança sócio-técnica-económica são apresentados no Quadro 35.

Pediu-se aos inquiridos que mencionassem os constrangimentos que enfrentam para acelerar a modernização da agricultura e introduzir mudanças sócio-técnicas e económicas. Os constrangimentos expressos pelos inquiridos foram anotados. A intensidade de cada constrangimento foi calculada através do cálculo da percentagem de acordo com as suas frequências. Em seguida, foi-lhes atribuída uma classificação com base na percentagem. A informação relativa aos mesmos é apresentada no Quadro 33.

Ao ler os dados apresentados no Quadro 35, pode observar-se que os constrangimentos enfrentados pelos agricultores na aceleração da modernização agrícola e na mudança sócio-técnica-económica, por ordem decrescente de classificação, foram: falta de facilidades de comercialização (Rank I - 91,50 %), facilidades de crédito inadequadas (Rank-II - 88,00 %), falta de orientação técnica (Rank-III - 81,50 %), procedimento de empréstimo complicado (Rank-IV - 80.00 %), custo elevado dos factores de produção agrícola (Rank-V - 66,00 %), falta de instalações de irrigação (Rank-VI - 56,50 %), indisponibilidade de seguros de colheitas (Rank-VII - 51,50 %), fraco apoio das agências governamentais (Rank-VIII - 47,00 %), fornecimento irregular de energia (Rank-IX - 37,00 %), instalações educativas inadequadas (Rank-X - 35,00 %) e instalações de comunicação inadequadas (Rank-XI -31,50 %).

Quadro 33: Constrangimentos enfrentados pelos agricultores tribais na obtenção de benefícios ao abrigo do ITDP

N.º Sr.	Restrições	Frequência	Por cento	Classificação
1	Custo elevado dos factores de produção	132	66.00	V
2	Falta de orientação técnica	163	81.50	III
3	Falta de instalações de irrigação	113	56.50	VI

4	Falta de facilidades de comercialização	183	91.50	I
5	Facilidade de crédito inadequada	176	88.00	II
6	Alimentação eléctrica irregular	74	37.00	IX
7	Não disponibilidade de seguro de colheitas	103	51.50	VII
8	Procedimento de empréstimo complicado	160	80.00	IV
9	Fraco apoio das agências governamentais	94	47.00	VIII
10	Instalações educativas inadequadas	70	35.00	X
11	Meios de comunicação inadequados	63	31.50	XI

Pode concluir-se que a maioria dos agricultores (91,50 %) enfrentou o constrangimento da falta de facilidades de comercialização, seguido de facilidades de crédito inadequadas (88,00 %), falta de orientação técnica (81,50 %), procedimento de empréstimo complicado (80,00 %) e custo elevado dos factores de produção (66,00 %).

5.10 SUGESTÕES EXPRESSAS PELOS AGRICULTORES TRIBAIS PARA ULTRAPASSAR OS CONDICIONALISMOS COM QUE SE DEPARAM NA OBTENÇÃO DE BENEFÍCIOS AO ABRIGO DO ITDP

Foi feita uma tentativa de documentar as sugestões dos agricultores para ultrapassar os constrangimentos. O estudo tentou compreender as sugestões expressas pelos agricultores tribais para desenvolver uma estratégia de superação dos constrangimentos que enfrentam para atingir o nível desejado de modernização agrícola para o seu desenvolvimento global.

Quadro 34: Sugestões expressas pelos agricultores tribais para ultrapassar os condicionalismos com que se deparam para obter benefícios ao abrigo do ITDP (n= 200)

Sr. Não.	Sugestões	Frequência	Por cento	Classificação
1	Mais subsídios para os factores de produção	150	75.00	I
2	Fornecimento de irrigação por elevador e poços a nível individual e comunitário	126	63.00	II
3	Provisão para financiamento suficiente do empréstimo à cultura	110	55.00	III
4	As instalações do mercado devem estar disponíveis a nível da aldeia	105	52.50	IV
5	Disposições para facilitar a disponibilidade dos factores de produção	99	49.50	V
6	Orientação técnica adequada aos agricultores, sempre que necessário	88	44.00	VI
7	Formação em novas tecnologias agrícolas	77	38.50	VII
8	Os agricultores devem ser protegidos por um seguro de colheitas em caso de fracasso da época	72	36.00	VIII
9	As cooperativas devem ser incentivadas	68	34.00	IX
10	Devem ser disponibilizados nas aldeias televisores comunitários, aparelhos de rádio e jornais informativos	64	32.00	X

11	A educação orientada para o trabalho deve ser incentivada	60	30.00	XI
12	Deve ser organizado um programa de formação sobre a criação de animais	38	19.00	XII
13	Disponibilidade de uma escola secundária com instalações adequadas	32	16.00	XIII

Os dados apresentados na Tabela 34 revelam que as sugestões importantes oferecidas pelos inquiridos para melhorar a sua agricultura foram: devem ser dados mais subsídios aos factores de produção (75,00 %), seguidos de fornecimento de irrigação por elevador e poços numa base individual e comunitária (63,00 %), fornecimento de financiamento suficiente para empréstimos à colheita (55,00 %) e devem estar disponíveis instalações de mercado a nível da aldeia (52,50 %). As sugestões apresentadas por menos de metade dos inquiridos foram: facilitar a disponibilidade de factores de produção (49,50%), fornecer orientação técnica adequada aos agricultores sempre que necessário (44,00%), formação em novas tecnologias agrícolas (38,50%), proteger os agricultores através de um seguro de colheitas em caso de fracasso da estação (36,00%), incentivar as cooperativas (34,00%), disponibilizar nas aldeias aparelhos de televisão, rádios e jornais comunitários (32,00%) e incentivar a educação orientada para o emprego (30,00%). Por outro lado, poucos inquiridos deram sugestões como *a* organização de um programa de formação sobre criação de animais (19,0%) e a existência de escolas com instalações adequadas (16,0%).

VI. RESUMO E CONCLUSÕES

Neste capítulo, é apresentada uma descrição sucinta do presente estudo no que diz respeito ao resumo, aos principais resultados, às conclusões, às implicações e às sugestões para estudos futuros.

6.1 RESUMO

A agricultura é um modo de vida, uma tradição que, durante séculos, moldou o pensamento, a perspetiva, a cultura e a vida económica do povo da Índia. Nos últimos anos, os camponeses indianos mostraram sinais encorajadores de mudança do tradicional para o moderno, através da introdução da ciência e da tecnologia no sistema agrícola.

Arnon (1989) opinou que a modernização da agricultura não é um problema puramente tecnológico ou económico. O seu êxito depende frequentemente de uma compreensão da sociedade em que se insere, do conhecimento dos factores sociais e culturais que condicionam a capacidade de resposta dos agricultores às mudanças tecnológicas e da capacidade de obter a cooperação voluntária das pessoas envolvidas. Os factores sociais e culturais são caraterísticas da sociedade a que o camponês pertence e dominam o comportamento humano.

Apesar dos esforços consideráveis, os progressos ainda não atingiram o nível de satisfação desejado, porque variam de uma região para outra. Em certas regiões, os progressos registados na agricultura excedem as expectativas. Ao mesmo tempo, há outras regiões que revelam um atraso na agricultura. O atraso é particularmente observado nas zonas tribais do país, que são um grupo heterogéneo, sobretudo no que diz respeito à sua pobreza e à falta de recursos materiais para trabalhar.

A população tribal do Estado de Gujarat constitui 14,92% da população total. Sabarkantha é um dos distritos tribais do Estado de Gujarat.

O Projeto Integrado de Desenvolvimento Tribal, Sabarkantha, começou a funcionar em 1976, com o objetivo de reduzir o fosso entre o nível de vida das tribos e o de outras zonas do Estado e de aumentar o seu rendimento agrícola, melhorando assim a qualidade de vida dos agricultores tribais. A economia tribal é predominantemente dependente da agricultura. Após a independência, o governo central e o governo do Estado, através de várias agências, despenderam fundos avultados para melhorar o seu nível de vida e integrá-los na corrente principal nacional. Estão em curso numerosos projectos de desenvolvimento, mas as tribos do Estado não conseguiram atingir o nível de modernização esperado.

Com vista a analisar a modernização da agricultura, o presente estudo sobre "Uma análise do impacto da modernização do campesinato na agricultura no âmbito do projeto de desenvolvimento tribal integrado do distrito de Sabarkantha" foi realizado com os seguintes objectivos

1. Estudar o perfil dos agricultores tribais
2. Estudar a atitude dos agricultores tribais em relação ao Projeto Integrado de Desenvolvimento Tribal
3. Medir o nível de modernização agrícola dos agricultores tribais
4. Medir o impacto do Projeto Integrado de Desenvolvimento Tribal em termos de mudanças sócio-técnicas e económicas entre os agricultores tribais
5. Descobrir a relação entre as variáveis independentes selecionadas e a modernização agrícola dos agricultores tribais
6. Descobrir a relação entre as variáveis independentes selecionadas e as mudanças socio-tecno-económicas entre os agricultores tribais
7. Conhecer os condicionalismos enfrentados pelos agricultores tribais para obterem benefícios

no âmbito do projeto de desenvolvimento tribal integrado

8. Procurar obter sugestões dos inquiridos tribais para ultrapassar os constrangimentos com que se deparam na obtenção de benefícios no âmbito do Projeto de Desenvolvimento Tribal Integrado

6.2 METODOLOGIA :

Com base na revisão da literatura relacionada com o estudo, foi desenvolvida uma orientação teórica para o estudo. Os vários conceitos foram operacionalizados. Com base num pressuposto, foi desenvolvido um modelo concetual provisório e, com a ajuda da orientação teórica, foram também formuladas as hipóteses estatísticas. Foi aplicado ao estudo um modelo de investigação ex post-facto.

O distrito de Sabarkantha, sob a jurisdição da Universidade Agrícola de Sardarkrushinagar Dantiwada, onde o investigador reside e estuda, foi selecionado propositadamente para o estudo. O distrito de Sabarkantha inclui oito talukas, das quais três tinham mais de 70% de população tribal, sendo que duas talukas, Khedbramha e Vijaynagar, foram selecionadas propositadamente com base no facto de terem uma população tribal mais elevada do que as outras talukas. Em cada um dos talukas selecionados, foram escolhidas aleatoriamente dez aldeias. Assim, foram selecionadas para o estudo um total de vinte aldeias. De cada aldeia selecionada, foram selecionados aleatoriamente dez inquiridos. Assim, foi selecionada para o estudo uma amostra aleatória de 200 agricultores tribais.

As variáveis dependentes utilizadas neste estudo foram: modernização agrícola e nível de mudança sócio-técnica-económica. As variáveis independentes escolhidas para efeitos do estudo foram: idade, educação, dimensão da propriedade fundiária, rendimento anual, hábito de migração, participação social, fontes de informação, nível de aspiração, motivação económica, orientação para o risco, orientação científica e atitude dos agricultores em relação ao Projeto de Desenvolvimento Tribal Integrado.

Para medir o nível de modernização agrícola dos agricultores tribais, o estudo foi dividido em duas partes: a primeira parte consiste na construção da escala para medir a modernização agrícola dos agricultores tribais e a segunda parte trata da execução da escala entre os agricultores tribais.

Foi desenvolvida uma escala para medir a modernização agrícola dos agricultores tribais, utilizando o método de abordagem de classificação normalizada. Foram selecionados para a escala um total de dezassete indicadores possíveis de modernização agrícola, que foram distribuídos a um grupo de 102 juízes de Universidades Agrícolas Estaduais (SAUs) e de várias instituições relacionadas. Dos 102 juízes, 73 responderam. A sua opinião foi utilizada para a análise dos itens. Dos dezassete indicadores, treze foram selecionados por terem sido considerados relevantes por 75 ou mais por cento dos juízes. Quatro indicadores foram eliminados. A fim de determinar o valor da escala de cada item classificado pelos juízes, foi calculado o valor "P" da posição do percentil. Foram considerados os indicadores que receberam um ou mais valores "P" positivos. Os treze indicadores relevantes foram finalmente selecionados para a escala. A validade da escala foi confirmada pela validade de conteúdo. Para determinar a fiabilidade da escala, foi utilizada a técnica de fiabilidade das metades divididas. A segunda parte da investigação foi a execução da escala entre os inquiridos.

As outras variáveis dependentes e independentes foram medidas utilizando escalas adequadas desenvolvidas por investigadores anteriores. Os dados primários foram recolhidos com a ajuda de um programa de entrevistas bem estruturado e pré-testado que incluía todos os itens sobre os quais era necessária informação para o estudo. Para a recolha de dados, foi utilizado um inquérito no terreno através do método de contacto pessoal. Todos os 200 inquiridos foram entrevistados pessoalmente durante os meses de junho e julho de 2017.

Os dados recolhidos foram codificados, classificados, tabulados e analisados de modo a tornar as conclusões significativas. Os dados recolhidos foram analisados através de ferramentas como a percentagem, a pontuação média, o desvio padrão, o coeficiente de variação, o coeficiente de correlação, a regressão múltipla, a regressão gradual, o coeficiente de regressão parcial padrão e a análise de trajetória.

6.3 PRINCIPAIS CONCLUSÕES

6.3.1 Modernização agrícola dos agricultores

1. A escala de modernização agrícola desenvolvida e padronizada foi considerada padronizada e um objetivo válido e fiável.
2. Os principais indicadores das escalas considerados relevantes pelo painel de juízes foram: (i) capacidade de inovação, (ii) cosmopolitismo, (iii) grau de utilização dos meios de comunicação social, (iv) padrão de cultivo, (v) seleção de sementes, (vi) adoção de um sistema de micro-irrigação, (vii) comercialização da produção agrícola e dos produtos lácteos, (viii) maquinaria e instrumentos modernos disponíveis, (ix) adoção de uma gestão integrada dos nutrientes, (x) utilização de fertilizantes orgânicos, (xi) instalações de armazenamento, (xii) grau de adoção de medidas fitossanitárias e (xiii) adoção de melhores práticas leiteiras.

6.3.2. Caraterísticas dos agricultores tribais

1. A maioria (66,00 %) dos inquiridos pertencia ao grupo etário médio (35 a 50 anos).
2. Pouco mais de metade (58,00 %) dos inquiridos possuía o nível de ensino primário a secundário.
3. Cerca de três quartos (80 %) dos inquiridos tinham uma exploração fundiária marginal a pequena.
4. A maioria (64,00 %) dos inquiridos tinha um baixo nível de rendimento anual, inferior a 50000 rupias.
5. A migração foi observada na família de 41,00 por cento dos inquiridos.
6. Cerca de metade (56,00 %) dos inquiridos eram membros de uma organização, seguidos de 23,00 por cento que eram membros de mais do que uma organização.
7. Quase metade (52,00 %) dos inquiridos tinha um nível médio de fontes de informação, seguido de baixo e alto, com 30,00 % e 18,00 % dos inquiridos, respetivamente.
8. Cerca de dois terços (68,00 %) dos inquiridos tinham um nível médio de aspiração, enquanto 18,00 % tinham um nível baixo de aspiração.
9. Cerca de dois terços (64,00 %) dos inquiridos tinham um nível médio de motivação económica.
10. A maioria dos inquiridos tinha um nível médio de orientação para o risco (62,00 %) e uma orientação científica média (61,00 %).
11. A maioria (66,00 %) dos inquiridos tem atitudes favoráveis em relação ao Projeto de Desenvolvimento Integrado das Tribos.

6.3.3 Nível de modernização agrícola dos agricultores tribais

1. A maioria (51,00 %) dos inquiridos tinha um nível médio de modernização agrícola, seguido de 29,00 % com um nível baixo e 20,00 % com um nível elevado de modernização agrícola.

6.3.3.1 Indicadores de modernização agrícola dos agricultores em termos de percentagem

1. Pouco mais de metade dos agricultores tribais tinha um nível médio de inovação (54,00 %), um nível médio de cosmopolitismo (58,00 %), um grau médio (52,00 %) de utilização dos meios de comunicação social e um nível médio de armazenamento (52,00 %).
2. Exatamente três quintos (60,00 %) dos agricultores tribais tinham um baixo nível de padrão de cultivo e de adoção do sistema de micro irrigação.
3. Cerca de dois terços (68,00 %) dos agricultores tribais tinham um baixo nível de seleção de sementes.
4. No máximo (56,00 %), os agricultores tribais utilizavam de forma média os meios de transporte para a comercialização da produção agrícola.

5. A maioria (65,00 %) dos agricultores tribais dispunha de um nível médio de maquinaria e alfaias modernas.
6. Exatamente três quintos dos agricultores tribais (60,00 %) tinham um nível médio de adoção da Gestão Integrada de Nutrientes.
7. Cerca de três quartos (72,00 %) dos agricultores tribais utilizavam em média fertilizantes orgânicos.
8. A maioria (64,00 %) dos agricultores tribais tinha um nível médio de adoção de medidas fitossanitárias e de utilização de práticas leiteiras melhoradas.

6.3.4 Nível de mudança sócio-técnico-económica dos inquiridos

1. A maioria (52,00 %) dos inquiridos tinha um nível médio de mudança sociotécnica, seguido de 30,00 % com um nível baixo de mudança sociotécnica e 18,00 % com um nível elevado de mudança sociotécnica.

6.3.4.1 Dimensão da mudança sociotécnica em função dos aspectos

1. A maioria (64,00 %) dos inquiridos tinha um baixo nível de mudança nas máquinas agrícolas baseadas na tecnologia moderna, bem como nas alfaias.
2. A grande maioria dos inquiridos tinha um nível médio de mudança nos artigos domésticos (77,00 %), um nível médio de mudança na poupança (74,50 %), um nível médio de hábitos alimentares e autossuficiência (70,00 %).
3. Mais de três quartos (64,00 %) dos inquiridos tinham um nível médio de mudança no padrão de vestuário.
4. Cerca de três quintos dos inquiridos apresentaram um nível médio de alteração do padrão de habitação (74,00 %) e um nível médio de alteração do estatuto social (72,00 %).
5. Cerca de dois terços (66,00 %) dos inquiridos apresentaram um nível médio de mudança nas relações sociais.
6. A maioria (58,00 %) dos inquiridos tinha um nível médio de mudança na tecnologia melhorada.

6.3.5 [A] Relação entre as variáveis independentes e a modernização da agricultura

Seis variáveis, nomeadamente a educação, o rendimento anual, a motivação económica, a orientação para o risco, a orientação científica e a atitude dos agricultores em relação ao ITDP, foram consideradas positiva e significativamente relacionadas com a modernização agrícola dos agricultores tribais. Por outro lado, duas variáveis, nomeadamente a idade e a participação social, foram consideradas significativa mas negativamente relacionadas com a modernização agrícola dos agricultores tribais. As restantes variáveis, nomeadamente a dimensão da propriedade, o hábito de migração, as fontes de informação e o nível de aspiração, não mostraram qualquer correlação significativa com a modernização agrícola dos agricultores tribais.

[B] Regressões múltiplas com o nível de modernização da agricultura

- A variação total de 67,40 por cento na modernização agrícola dos agricultores tribais foi explicada por um conjunto de 12 variáveis independentes. Das 12 variáveis, sete variáveis, *nomeadamente* idade, educação, participação social, fontes de informação, motivação económica, orientação para o risco e orientação científica, contribuíram significativamente para a modernização agrícola dos agricultores tribais.

[C] Regressão múltipla com o nível de modernização da agricultura

- Os valores "F" para todas as sete variáveis acima referidas foram considerados significativos a
0,05 ou ao nível de significância de 0,01, indicando uma contribuição significativa destas sete variáveis na modernização agrícola dos agricultores tribais, o coeficiente de regressão parcial indica que uma alteração unitária na idade, motivação económica, orientação científica, participação social, educação, fontes de informação e orientação para o risco alteraria -51,94,

21,12, 15,43, -16,71, 13,18, 11,55 e 12,15 unidades na modernização agrícola dos agricultores tribais, respetivamente.

- As variáveis independentes foram então ordenadas com base nos valores do coeficiente de regressão parcial padrão (b_i), que são apresentados na Tabela 26. A ordem destas sete variáveis, da mais alta para a mais baixa, foi a seguinte: (i) idade (-51,94), (ii) motivação económica (21,12), (iii) participação social (-16,71), (iv) orientação científica (15,43), (v) educação (13,18), (vi) orientação para o risco (12,15) e (viii) fontes de informação (11,55).
- A análise de regressão mostra que 66,51 por cento da variação foi explicada pela idade (x_1), motivação económica (x_9), orientação científica (x_{11}), participação social (x_6), educação (x_2), fontes de informação (x_7) e orientação para o risco (x_{10}), em conjunto, na modernização agrícola dos agricultores tribais. O valor do coeficiente de regressão parcial estandardizado indica que a idade (48,45) se encontra na ordem de grandeza mais elevada, o que reflecte a sua importância.

[D] Análise da trajetória com o nível de modernização da agricultura

- A motivação económica teve um efeito direto positivo máximo e a participação social teve um efeito direto negativo máximo na modernização agrícola dos agricultores tribais.
- A atitude dos agricultores em relação ao Projeto Integrado de Desenvolvimento Tribal teve um efeito indireto total positivo máximo e a idade teve um efeito indireto negativo máximo na modernização agrícola dos agricultores tribais.
- No que diz respeito ao efeito indireto substancial na modernização agrícola dos agricultores tribais, a atitude dos agricultores em relação ao Projeto Integrado de Desenvolvimento Tribal (0,3034) exerceu o maior efeito positivo através da idade.

6.3.6 [A] Relação entre as variáveis independentes e a mudança sócio-técnica-económica

Seis variáveis, nomeadamente a educação, o rendimento anual, a motivação económica, a orientação para o risco, a orientação científica e a atitude dos agricultores em relação ao projeto de desenvolvimento tribal integrado dos inquiridos, apresentaram uma correlação positiva e significativa com o seu nível de mudança socio-tecnológica. Duas variáveis, nomeadamente a idade e a participação social dos inquiridos, apresentaram uma correlação negativa e significativa com a mudança sociotécnica dos agricultores tribais. As restantes variáveis, nomeadamente a dimensão da propriedade fundiária, o hábito de migração, as fontes de informação e o nível de aspiração, não têm uma relação significativa com a mudança sociotécnica.

[B] Regressões múltiplas com o nível de alterações sócio-técnicas e económicas

- A variação total de 58,26% na mudança sociotécnica dos agricultores tribais foi explicada por um conjunto de 12 variáveis independentes. Das 12 variáveis, seis, a saber, educação, rendimento anual, propriedade fundiária, participação social, orientação para o risco e orientação científica, contribuíram significativamente para a mudança socio-tecnológica dos agricultores tribais.

[C] Regressão múltipla stepwise com nível de alterações sócio-técnicas-económicas

- Os valores de "F" para todas as seis variáveis foram considerados significativos, quer ao nível de significância de 0,05 ou 0,01, indicando uma contribuição significativa destas seis variáveis para a mudança socio-tecnológica dos agricultores tribais. O coeficiente de regressão parcial indica que uma mudança unitária na educação, na propriedade fundiária, no rendimento anual, na participação social, na orientação para o risco e na orientação científica alteraria 19,52, -118,65, 118,66, 13,22, 13,26 e 11,75 unidades na mudança socio-tecnológica dos agricultores tribais, respetivamente.
- As variáveis independentes foram depois ordenadas com base nos valores do coeficiente de regressão parcial padrão (b_i). A ordem destas seis variáveis, da mais alta para a mais baixa, foi a seguinte: (i) rendimento anual (118,66), (ii) propriedade fundiária (-118,65), (iii) educação (19,52), (iv) orientação para o risco (13,26), (v) participação social (-13,22) e (vi) orientação científica (11,75).

- A análise de regressão stepwise mostra que 57,30 por cento da variação foi explicada pela educação (x_2), pela posse da terra (x_3), pelo rendimento anual (x_4), pela participação social (x_6), pela orientação para o risco (x_2) e pela orientação científica (x_{13}), em conjunto, na mudança socio-técnica-económica dos agricultores tribais. O valor do coeficiente de regressão parcial estandardizado indica que o rendimento anual (23,92) se situa na ordem de grandeza mais elevada, o que reflecte a sua importância.

[D] Análise da trajetória com o nível de alterações sócio-técnicas e económicas

- O rendimento anual (1,1411) apresentou o efeito direto positivo mais elevado, ao passo que a propriedade fundiária exerceu o efeito direto negativo mais elevado (-1,1808) na mudança sociotécnica e económica.
- A propriedade fundiária exerceu o efeito indireto total positivo mais elevado (1,061) e o rendimento anual exerceu o efeito indireto total negativo mais elevado (-0,9157) na mudança sociotécnica e económica.
- Em caso de efeito indireto substancial na mudança sócio-técnica-económica, a posse de terra (0,9582) exerceu o efeito positivo mais elevado através do rendimento anual

6.4 CONDICIONALISMOS ENFRENTADOS PELOS AGRICULTORES TRIBAIS NA OBTENÇÃO DE BENEFÍCIOS AO ABRIGO DO ITDP

A maioria dos camponeses enfrentou o constrangimento da falta de facilidades de comercialização (91,50 %), seguida de facilidades de crédito inadequadas (88,00 %), falta de orientação técnica (80,00 %), procedimentos de empréstimo complicados e custo elevado dos factores de produção (66,00 %).

6.5 SUGESTÕES EXPRESSAS PELOS AGRICULTORES TRIBAIS PARA ULTRAPASSAR OS CONDICIONALISMOS COM QUE SE DEPARAM NA OBTENÇÃO DE BENEFÍCIOS AO ABRIGO DO ITDP

1. As principais sugestões aprovadas por mais de metade dos inquiridos foram: mais subsídios para os factores de produção, fornecimento de irrigação por elevador e poços numa base individual e comunitária, fornecimento de financiamento suficiente para empréstimos às colheitas e facilidades de mercado ao nível da aldeia.
2. Outras sugestões expressas por um número menor de agricultores foram: facilitar a disponibilidade de factores de produção, fornecer orientação técnica adequada aos agricultores sempre que necessário, formação sobre novas tecnologias agrícolas, proteger os agricultores através de seguros de colheitas em caso de fracasso da época, incentivar as cooperativas, disponibilizar nas aldeias televisões comunitárias, rádios e jornais e incentivar a educação orientada para o emprego.

6.6 MODELO EMPÍRICO

O modelo concetual provisório foi estabelecido no início desta dissertação, quando se chegou à forma concetual do estudo. Agora, o modelo empírico final é baseado nos resultados. O modelo inclui as caraterísticas dos camponeses tribais que têm uma relação significativa com as variáveis dependentes, ou seja, a modernização agrícola e as mudanças socio-técnicas dos camponeses tribais.

6.7 IMPLICAÇÕES

Com base nos resultados do estudo, são sugeridas as seguintes implicações:

1. A escala de modernização agrícola desenvolvida e padronizada no âmbito desta investigação revelou-se objetiva, válida e fiável. Por conseguinte, esta escala pode ser utilizada por organizações interessadas para medir a modernização agrícola dos agricultores tribais de uma forma objetiva.

2. O estudo facilita o conhecimento das caraterísticas dos camponeses tribais, o que servirá de orientação para os planeadores e agências de extensão para o planeamento e implementação de vários programas destinados à modernização agrícola.

3. Os resultados do estudo revelaram que a maioria dos agricultores tinha instrução até ao nível primário e secundário, pertencia a um grupo de meia-idade com modernização agrícola média e mudanças sócio-técnicas e económicas. Assim, ao implementar diferentes programas, os agricultores com as caraterísticas acima mencionadas podem ser envolvidos. Os agricultores jovens devem ter prioridade na elaboração dos programas agrícolas. Devem ser envidados esforços para aumentar a participação dos agricultores tribais nos programas de desenvolvimento.

4. Durante o inquérito, observou-se que os agricultores tribais tinham campos dispersos de pequena dimensão. Por conseguinte, recomenda-se o desenvolvimento da tecnologia agrícola melhorada mais adequada para as pequenas explorações.

5. Muitas variáveis psicológicas contribuíram significativamente para a previsão da extensão da modernização agrícola e da mudança sócio-técnica-económica dos camponeses. Ficou provado que a modernização dos camponeses pode ser conseguida através de mudanças na sua psicologia. Por isso, recomenda-se que o Governo, as organizações não governamentais e cooperativas façam grandes esforços para que os camponeses possam mudar a sua psicologia numa direção positiva. A educação, a formação, a visita pessoal, a comunicação efectiva através dos meios de comunicação de massas e a demonstração são formas importantes e eficazes de mudar a psicologia dos camponeses da forma de pensar tradicional para a moderna.

6. Os factores contextuais dos agricultores tribais que influenciaram a modernização agrícola e a mudança sócio-técnica-económica devem ser tidos em conta em qualquer programa de comunicação planeada.

7. O estudo revelou que os agricultores tribais exprimiram grandes constrangimentos quanto à falta de facilidades de comercialização, facilidades de crédito inadequadas, falta de orientação técnica e procedimentos de empréstimo complicados. Para ultrapassar estes constrangimentos, é necessária assistência financeira adicional do Governo e esforços baseados na comunidade. Por conseguinte, recomenda-se a criação e o reforço de APMC a nível distrital e de taluka. Além disso, o empréstimo deve ser concedido a uma taxa de juro mais baixa e com um procedimento simples.

6.8 SUGESTÕES PARA INVESTIGAÇÃO FUTURA

1. O presente estudo foi efectuado no distrito de Sabarkantha, no Estado de Gujarat. Este estudo é o primeiro do seu género a abordar a modernização do campesinato no distrito de Sabarkantha. Este estudo abre possibilidades para estudos semelhantes noutros distritos do estado de Gujarat e do país.

2. Uma análise crítica do funcionamento das agências de desenvolvimento tribal poderia ser outro domínio de investigação futura.

3. Pode também ser realizado um estudo aprofundado sobre a variação intertribal no que diz respeito à modernização da agricultura, à mudança sócio-técnica-económica e à adoção de práticas melhoradas de agricultura e de criação de animais.

4. Para resolver os problemas de coordenação entre as várias agências de desenvolvimento que trabalham nas zonas tribais, pode ser efectuado um estudo sobre o seu funcionamento nas zonas tribais.

5. A área de investigação poderia ser alargada e poderia ser estudado um número suficientemente maior de inquiridos para se poderem tirar conclusões válidas.

6. Algumas outras caraterísticas dos agricultores, para além das consideradas neste estudo, que afectam a sua modernização agrícola e as mudanças sócio-técnicas e económicas, devem ser identificadas e incluídas no estudo a realizar no futuro.

7. Estes estudos devem ser repetidos após um certo período de tempo.

REFERÊNCIAS

Alane, P.A. (2007). Awareness and role of Grampanchayat members about agricultural development programmes Dissertação de Mestrado (Agri.) apresentada à Universidade Agrícola de Marathwada, Parbhani.

Alem, A. (1999). Implements and tools and their appropriateness in different environment - Krishi Vigyan Kendra - A reality, editado por P. Das e B. S. Hansara, Division of Agricultural Extension, ICAR, New Delhi : 25.

Anónimo (2011). Census of india, Scheduled casts and Scheduled tribes (Censo da Índia, castas e tribos catalogadas), Gabinete do Conservador-Geral e Comissário do Censo, Governo da Índia.

Arnon, I. (1989). Modernização da agricultura nos países em desenvolvimento, Recursos, potencialidades e problemas. John Wiley and Sons, A Wiley - Inter Science Publication, Chester, Nova Iorque.

Bandarai, S.D., Kadam, R.P. e Pawar, G.S. (2013). Study on constrains faced by the beneficiaries of Mahatma Gandhi National Rural Employment Guarantee Act in parbani district of Maharastra. *Documento de investigação apresentado no seminário nacional sobre programas emblemáticos: Impacto, problemas e desafios futuros, de 19 a 21 de novembro de 2014, no NIRD&PR Hyderabad.*

Bhati, G. (2015). Attitude of Beneficiaries towards Mahatma Gandhi National Rural Employment Guarantee Act Programme, M.Sc. (Agri.) Thesis (Unpublished), Anand Agricultural University, Anand.

Bhosale, U.S., (2010). Participation of rural youth in paddy farming in Anand district of Gujarat state, M.Sc. (Agri.) Thesis (Unpublished), Aanad Agricultural University, Anand.

Black, E. C. (1967). The dynamics of modernization. Harper and Row Publishers, Nova Iorque.

Cantrill, H. (1965). The pattern of human concern. Rudgers University, New Bruns Wick.

Chandel, R.S. Handbook of Agricultural Statistic. Ed. 1964. pp. 260-299.

Champaneri, H.C. (2012). Adoção de práticas de agricultura biológica pelos agricultores tribais do Norte de Gujarat. Tese de Mestrado (Agri.) (Não publicada). Universidade Agrícola de Sardarkrushinagar Dantiwada, Sardarkrushinagar.

Chaudhari, J.D. (2009). Extensão da adoção de tecnologia pós-colheita de malagueta vermelha entre os produtores de malagueta em Kankrej taluka do distrito de Banaskantha do estado de Gujarat. Tese de Mestrado (Agri.), apresentada à SDAU, Sardarkrushinagar.

Chauhan, N.B. (1994). A study on peasanty modernization in Dungarpur district of Rajasthan. Tese de doutoramento (não publicada), Universidade Agrícola de Rajasthan, campus de Bikaner, Udaipur.

Chavada, M. G. (2010). Aspiração dos agricultores sobre técnicas científicas de pós-colheita da cultura do amendoim. *Rajasthan Journal of Extension Education,* **17&18**:30- 32.

Christian, B.M. (2001). Um estudo sobre o grau de adoção da estratégia IPM pelos produtores de algodão do distrito de Vadodara do Estado de Gujarat. Tese de Mestrado (Agri.), G.A.U., Campus de Anand, Anand.

Dabhi, R. A. (2002). Impacto da sociedade de gestão participativa da irrigação nas mudanças técnico-económicas dos agricultores do distrito de Anand no estado de Gujarat. Tese de doutoramento (não publicada), Universidade Agrícola de Gujarat, Navasari.

Darandle A. D. (2010) Atitude do agricultor tribal em relação às práticas de agricultura biológica na cultura do milho. (M.Sc.) não publicado AAU Anand.

Dattatraya, L.J.(2001). Modernização da Agricultura entre os Agricultores do Distrito de Mehsana do Estado de Gujarat. Tese de Mestrado (Agri.). Não publicada) Universidade Agrícola de Gujarat, Sardarkrushinagar.

Desai, C. P. (1997). Um estudo sobre as consequências técnico-económicas na adoção do sistema de rega gota-a-gota pelos produtores de manga do distrito de Junagadh no Estado de Gujarat. Tese de Doutorado (não publicada), Guj. Agril. Univ., Campus de Anand, Anand.

Desai, H.K. (2013). Adoção da tecnologia recomendada de cultivo de mamona híbrida pelos produtores de mamona do distrito de Sabarkantha. Tese de Mestrado (Agri.) (Não publicada). Universidade Agrícola de Sardarkrushinagar Dantiwada, Sardarkrushinagar.

Deshmukh, K.A. e Chole, R.R. (2001). Social stratification and overall modernity in progressive and non-progressive villages (Estratificação social e modernidade geral em aldeias progressivas e não progressivas). *Maha.J.Extn.Edn.*, **20**: 81-84

Deshpande, A.R. (2009). Awareness and role performance of grampanchayat members about agricultural development programmes (Consciencialização e desempenho dos membros do grampanchayat sobre programas de desenvolvimento agrícola). Tese de Mestrado (Agri.), apresentada à SDAU, Sardarkrushinagar.

Dewey, D. R., Lu K. H. (1959). Uma análise de correlação e coeficiente de caminho dos componentes da produção de sementes de grama de trigo com crista. *Agron. J.,* 51:515-518.

Dhandhukia, R.D. (2009). Constrangimentos sentidos pelos agricultores na adoção das práticas recomendadas para a cultura da romã no distrito de Banaskantha. Tese de Mestrado (Agri.) (Não publicada). Universidade Agrícola de Sardarkrushinagar Dantiwada, Sardarkrushinagar.

Dhaneshwar, S. (2008). Impact of Krishi Vigyan Kendra, Devataj on the farmers of Anand district, M.Sc. (Agri.) Thesis (Unpublished). Universidade Agrícola de Anand, Anand.

Dhaneshwar, S.; Patel, B.B., Verma, L.R. (2013) Conhecimento e grau de adoção dos agricultores relativamente às tecnologias agrícolas recomendadas transmitidas pela KVK. *Atualização da agricultura.* 8(1&2):156-159.

Dholariya, P.C. (2014). Atitude dos beneficiários em relação à Missão Nacional de Horticultura. Tese de Mestrado (Agri.) (Não publicada), Universidade Agrícola de Navasari, Navasari.

Dodiya, H.D. (2015). Comportamento dos produtores de algodão Bt. em relação ao uso de pesticidas no distrito de Mehsana, no estado de Gujarat. Tese de Mestrado (Agri.) (Não publicada). Universidade Agrícola de Sardarkrushinagar Dantiwada, Sardarkrushinagar.

Dupare B.W., Billore S.D., Joshi O.P. e Verma S.K.(2011). Adoção de tecnologia de soja melhorada em Madhya Pradesh: A critique. *J. Oilseeds Res.,* **28**(2): 125-130.

Fisher, R.A. (1955). Statistical Methods and Scientific Induction (Métodos Estatísticos e Indução Científica). *J. Royal Stat. Soc.,* B 17 : pp. 69-78.

Guilford, J.P. (1956). Fundamental statistics in Psychology and Education. McGraw Hill Book Co. Inc., Nova Iorque. 317-319.

Guliford, J.P. (1954). Psychometric methods. Tata McGraw-Hill Publications Co. Ltd., Bombaim: 378-382.

Gulkari, K.D., (2011). Atitude dos beneficiários em relação à Missão Nacional de Horticultura, Tese de Mestrado (Agri.), Universidade Agrícola de Anand, Anannd.

Inkeles, A. (1966). A modernização do homem na modernização. A dinâmica e o crescimento (Ed.), Myron Weiner, Voice of America forum lectures.

Jadhao, D.L. (2002). Modernização da agricultura entre os agricultores do distrito de Mehsana do Estado de Gujarat. Tese de Mestrado (Agri.), Guj. Agril. Univ., Sardar Krushinagar.

Jagadeeshwara, K.(1994). Um estudo sobre a modernização da agricultura entre os agricultores do distrito de Kheda, no estado de Gujarat. Tese de Mestrado (Agri.) da Universidade Agrícola de Gujarat, Sardarkrushinagar.

Jat, A. (2010). Knowledge and Adoption of Recommended wheat grain storage practices among Tribal farm women of Sabarkantha District of Gujarat State. Tese de Mestrado (Agri.), (Não publicada), Universidade Agrícola de Sardarkrushinagr Dantiwada, Sardarkrushinagar.

Kansara, V.B. (2009). Imagem e Impacto do Programa Institucional de Formação de Agricultores Organizado pela Sardar Smurti Kendra Sardarkrushinagr. Dissertação de Mestrado (Agri.) (Não publicada), apresentada à Universidade Agrícola de Sardarkrushinagr Dantiwada, Sardarkrushinagar.

Kareemulla, K.; Reddy, S.K.; Rao, C.A.; Kumar, S. e Venkateswarlu, B., (2009). Soil and Water Conservation Works through National Rural Employment Guarantee Scheme (NREGS) in Andhra Pradesh-An Analysis of Livelihood Impact, *Agricultural Economics Research Review, 22:* 443-50.

Kerlinger (1976). Foundation of behavioral research. Surjeet Publication, Delhi. 198204.

Kumar (2009). Um Estudo sobre a Lacuna Tecnológica na Adoção das Práticas de Cultivo Melhoradas pelos Produtores de Soja. Dissertação de Mestrado (Agri.) (Não publicada), apresentada à Universidade de Ciências Agrícolas, Dharwad.

Kumar, A. e Haorei, W., (2010). Avaliação do impacto do MNREGA na migração, *Kurukshetra. 57* (4): 33-35

Kumar, V.; (2012). Extensão e adoção de brinjal entre os produtores de brinjal do distrito de Banaskantha do estado de Gujarat M.Sc. (Agri.) Tese (Não publicada). Universidade Agrícola de Sardarkrushinagar Dantiwada, Sardarkrushinagar.

Kyatanagoudar, S.B., (2011). Knowledge and attitude of rural people about National Rural Employment Guarantee Scheme (NREGS), M.Sc. (Agri.) Thesis, University of Agricultural Sciences, Dharwad.

Lewins, K. (1935). Individual Differences in Certain Aspect of the Level of Aspiration (Diferenças individuais em certos aspectos do nível de aspiração). *American Journal of Psychology, XLVII, janeiro,* PP. 119-128.

Melkunde, G.R. (2013). Agricultura sob contrato de produção de sementes de algodão por agricultores tribais do distrito de Sabarkantha do Estado de Gujarat. Tese de Mestrado (Agri.) (Não publicada). Universidade Agrícola de Sardarkrushinagar Dantiwada, Sardarkrushinagar.

Mitra, Arup; Murayama, Mayumi, (2008). Rural to Urban Migration: A District Level Analysis for Indial.

Mummulla, M. (2015). Impacto do MGNREGA na criação de activos individuais e comunitários e sua sustentabilidade em aldeias selecionadas do distrito de Mahabubnagar de Andhra Pradesh, Tese de Mestrado (Agri.) (Não publicada), Professor Jayashankar Telangana State Agricultural University

Munikishor, S., Chandargi, D.M., Hirevenkanagoudar, L. V. (2008). Desenvolvimento de uma escala para medir a atitude dos beneficiários em relação ao projeto da bacia hidrográfica de Sujala. *Karnataka J. Agric. Sci.,* ***21***(1): (144-145).

Naik, K. S. e Deshmukh , P. R. (2016). Conhecimento e adoção do pacote de práticas recomendadas pelos produtores de banana. *Actualizações agrícolas* **11** (1): 41-44.

Nanda, J. (1995). Factores que afectam a adoção de práticas recomendadas de utilização de herbicidas em produtores de arroz transplantado Kharif no distrito de Kheda do Estado de Gujarat. Tese de Mestrado (Agri.), G.A.U., Campus de Anand, Anand.

Pandhare, S.P.; Nadre, K.R., Deshmukh, R.S e Bhosale, P.B. (2012). Attitude towards Krishi Vigyan Kendra. *Atualização da agricultura,* 7(1&2):158-162.

Pandya, C.D. e Pandya, R.D., (2008). Desenvolvimento e normalização de uma escala para medir o estatuto socioeconómico dos agricultores. *Gujarat Journal of Extension Education.* **17**: 7-14.

Pandya, S.P., (2011). Socio-economic impact of krushi mahotsav on beneficiary farmers of north Gujarat. Tese de doutoramento (não publicada). Apresentada à Universidade Agrícola de Gujarat, Sardarkrushinagar.

Parmar, K.M. (2018). Impacto socioeconómico do programa da Lei Nacional de Garantia do Emprego Rural de Mahatma Gandhi nos beneficiários do distrito de Banaskantha, no estado de

Gujarat. Tese de doutoramento (não publicada), Universidade Agrícola de Sardarkrushinagar Dantiwada, Sardarkrushinagr.

Patel B. S. (2005[a]) Peasantry modernization in integrated tribal development area of Dahod district of Gujarat state. Tese (Ph.D.) (não publicada) A.A.U. Anand.

Patel, J. G. (1998). Indigenous resource management by tribal farm women in Vadodara district of Gujarat State. Tese de doutoramento, Guj. Agril. Univ., Campus de Anand, Anand.

Patel, J.A. (2014). Adoção da tecnologia de produção de amendoim kharif entre os produtores de amendoim do distrito de Banaskantha no Estado de Gujarat. Tese de Mestrado (Agri.) (Não publicada). Universidade Agrícola de Sardarkrushinagar Dantiwada, Sardarkrushinagar.

Patel, J.K. (2011). Impacto técnico-económico da sociedade de gestão participativa da irrigação dos agricultores beneficiários do distrito de Mehasana, Norte de Gujarat. Tese de doutoramento (não publicada), Universidade Agrícola de Sardarkrushinagar Dantiwada, Sardarkrushinagr.

Patel, J.R. (2015). Ligações para trás e para a frente da produção de romã no norte de Gujarat. Tese de doutoramento (não publicada), Universidade Agrícola de Sardarkrushinagar Dantiwada, Sardarkrushinagr.

Patel, M. R. (2005[b]). Conhecimento indígena e adoção pelos agricultores dos valores medicinais da flora em Anand taluka de Gujarat. Tese de Mestrado (Agri.) (Não publicada). Universidade Agrícola de Anand, Anand.

Patel, M.R. (2011). Uma análise do impacto da modernização do campesinato na agricultura no âmbito do Projeto de Desenvolvimento Tribal Integrado do Distrito de Vadodara. Tese de doutoramento (não publicada), Universidade Agrícola de Anand, Anand.

Patel, N. R., Pandya, D. N. e Patel, B. T. (1995). Mudança tecno-económica entre os agricultores beneficiários na área da bacia hidrográfica. *Maha. J. Extn. Edn.,* **14** : 25-32.

Patel, R.M. (2007). Análise funcional discriminada da lacuna tecnológica dos produtores de milho tribais do distrito de vadodara do estado de Gujarat. Tese de doutoramento (não publicada), AAU, Anand.

Pattanaik, B.K., (2009). NREGS: Some preliminary findings from Hoshiarpur District, *Kurukshetra*, **57** (6): 35-40.

Pearson, T. (1954). Essays in Sociological Theory. The free Press, Glencoe : p. 275.

Prajapati, M.M. (2012). Impacto da modernização agrícola nos meios de subsistência sustentáveis entre os agricultores tribais e não tribais do distrito de Sabarkantha, no estado de Gujarat. Tese de Mestrado (Agri.), apresentada à SDAU, Sardarkrushinagar.

Prajapati, M.R. e Jadhao, D.L. (2002). Correlatos da modernização dos agricultores. *Guj. J. Extn. Edn.*, **(12-13)** : 48-49.

Prajapati, R.R. (2008). Indigenous resources management by tribal farm women in Banaskantha district of Gujarat state. Tese de doutoramento, apresentada à SDAU, Sardarkrushinagar.

Prajapati, R.S. (2006). Impact of frontline demonstrations on knowledge and adoption of improved pulse production technology by the farmers of North Gujarat. Tese de doutoramento (não publicada). Universidade Agrícola de Sardarkrushinagar Dantiwada, Sardarkrushinagar.

Pretty, J. N. (1995). Regenerating agriculture : Policies and practices for sustainability and self-reliance (Agricultura regeneradora: políticas e práticas para a sustentabilidade e a autossuficiência). Joseph Henry Press. The National Academics of Press, Washington D.C.: 29-31.

Raghuvanshi, M. S. (1984). Modernizing rural youth- Role of formal education. Ajanta Publications (India), Delhi.

Rai, S.K., (2011). Impacto do PIM nos beneficiários do sul de Gujarat. Tese de Mestrado (Agri.) (Não publicada), Universidade Agrícola de Navasari, Navasri.

Raut, H.R. (2013). Impacto socioeconómico do grupo de autoajuda nos membros, no distrito de

Banaskantha do Estado de Gujarat. Tese de Mestrado (Agri.) (Não publicada), Universidade Agrícola de Sardarkrushinagar Dantiwada, Sardarkrushinagar.

Reddy, D.N. e C. Upendranadh, (2010). "Natioal Rural Employment Guarantee: Issues, Concern and Prospects", Documento de Trabalho V, Oxfam India.

Roger, E.M. (1962). Diffusion of innovation, Nova Iorque, The Free Press of Glencoe.

Rogers, E. M. e Svenning, L. (1969). Modernization among peasants. The impact of communication. Holt Renenhart and Wiston Inc., Nova Iorque.

Roy, J., Gowda, K.N., Lakshminarayan, M.T., e Anand, T.N., (2013). Perfil e problema dos beneficiários do MGNREGA: A Study in Dhalai District of Tripura" *Mysore Journal of Agricultural Science.* **47** (1): 124-130, 2013.

Sahu, P.K., (2010). Agriculture and Applied Statistics-I, Kalyani Publisher, New Delhi.

Sarkar P., Kumar J. e Supriya (2011). Impact of MNREGA on Reducing Rural Poverty and Improving Socio-economic Status of Rural Poor: A Study in Burdwan District of West Bengal [Impacto do MNREGA na redução da pobreza rural e na melhoria do estatuto socioeconómico dos pobres das zonas rurais: um estudo no distrito de Burdwan, em Bengala Ocidental]. *Agricultural Economics Research Review.* **24**: 437-448.

Schunk, D. H., Pintrich, P. R., & Meece, J. L. (2008). *Motivação na Educação: Theory, Research and Applications* (3ª ed.). Upper Saddle River, New Jersey: Pearson Education, Inc. (Trabalho original publicado em 1996)

Shah, U. B. (1998). Study on knowledge and role performance of tribal farm women in mixed farming in Vadodara district of Gujarat State. Tese de mestrado (Agri.) (não publicada), Guj. Agril. Univ., Campus de Anand.

Sharnagat, P.M. (2008). Atitude dos beneficiários em relação à Missão Nacional de Horticultura. Tese de Mestrado (Agri.), Dr. P.D.K.V, Akola (M.S).

Solanki, K.D. (2002). Entrepreneurial behaviour of potato growers of North Gujarat Agro-climatic Zone of Gujarat State. Tese de doutoramento (não publicada), apresentada à Universidade Agrícola de Gujarat, Sardarkrushinagar.

Supe, S.V. (1969). Fator relacionado com a diferença de racionalidade na tomada de decisões entre agricultores. Tese de doutoramento (não publicada), IARI, Nova Deli.

Suryaprakash, N.V, (1979). Eficácia relativa da exposição com cartões flash e da exposição com apresentação de diapositivos na comunicação de práticas de gestão de lacticínios - Uma experiência de campo. Tese de Mestrado (Agri.) (Não publicada). Universidade de Ciências Agrárias, Banglore.

Suthar, K.D. (2010). Impacto sócio-económico do sistema de irrigação por gotejamento entre os agricultores do distrito de Sabarkantha do Estado de Gujarat. Tese de Mestrado (Agri.) (Não publicada), submetida à Universidade Agrícola de Sardarkrushinagar Dantiwada, Sardarkrushinagar.

Thurstone, L.L. (1946). The measurement of attitude, *American J. Socio*, Chicago Uni, Chicago Press: 39-50.

Vankar, P.M. (2000). Impacto da irrigação por canal nos agricultores de Khambhat talukas do distrito de Anand do estado de Gujarat. Tese de Mestrado (Agri.), submetida à SDAU, Sardarkrushinagar.

Vasava, J.M.(2005).Knowledge and adoption of recommended pigeon pea production technology by pigeon pea growers. (un pub.) Dissertação de Mestrado (Agri.). A.A.U. Anand.

Vaster, C.S., Gangadharappa, N.R., Mallikarjuna, G.B. e Lakshinarayana, M.T. (2001). Variables influencing agricultural modernization characteristics among Ambani farmers in upper Krishna Command Area, Karnataka, *Rural India*: 10-13.

Vyas, H.U. (1995). Study on management efficiency and economic performance of milk producers in Panchmahals district of Gujarat State. Tese de doutoramento (não publicada), GAU, Campus de Anand, Anand.

Wright, S.A. (1921). Correlation and Causation. *J. Agril. Res.*, **20**: 557-585.

APÊNDICE

Apêndice V

Matriz dos coeficientes de caminho (Indireto/Direto) que mostra o efeito das variáveis independentes na modernização agrícola dos agricultores tribais

	Xi	X_2	**X_3**	X_4	**X_5**	X_6	X_7	X_8	X9	**Xю**	**Xu**	X_{12}	**Corr. Com Y**
Xi	**-0.5036**	-0.0301	0.0198	-0.0514	0.0018	0.0100	0.0004	-0.0124	-0.0886	-0.0279	-0.0427	0.0287	-0.6960
X_2	0.0980	**0.1547**	-0.0057	0.0092	-0.0088	-0.0275	-0.0055	-0.0057	0.0335	0.0025	0.0151	-0.0088	0.251
X_3	0.0856	0.0075	**-0.1167**	0.1335	0.0098	-0.0039	0.0207	0.0092	0.0615	0.0030	0.0223	-0.0136	0.2190
X_4	0.1700	0.0094	-0.1023	**0.1524**	0.0066	0.0070	0.0272	0.0013	0.0943	0.0244	0.0477	-0.0205	0.4175
X_5	0.0208	0.0305	0.0257	-0.0225	**-0.0445**	-0.0227	-0.0064	0.0072	0.0080	0.0031	-0.0156	0.0052	-0.0112
X_6	0.0313	0.0266	-0.0029	-0.0067	-0.0063	**-0.1601**	-0.0087	-0.0015	0.0003	-0.0008	-0.0112	0.0058	-0.1340
X_7	-0.0022	-0.0084	-0.0237	0.0408	0.0028	0.0137	**0.1017**	-0.0069	0.0113	-0.0061	0.0079	0.0044	0.1352
X_8	-0.760	0.0108	0.0131	-0.0024	0.0039	-0.0028	0.0085	**-0.0824**	-0.0078	0.0306	0.0226	0.0021	-0.0798
X9	0.2213	0.0257	-0.0356	0.0713	-0.0018	-0.0002	0.0057	0.0032	**0.2016**	0.0413	0.0472	-0.0266	0.5530
Xю	0.1011	0.0028	-0.0025	0.0268	-0.0010	0.0009	-0.0045	-0.0181	0.0598	**0.1391**	0.0724	-0.0145	0.3624
Xu	0.1454	0.0158	-0.0176	0.0491	0.0047	0.0121	0.0054	-0.0126	0.0643	0.0681	**0.1480**	-0.0193	0.4633
X12	0.3034	0.0288	-0.0332	0.0657	0.0049	0.0196	-0.0093	0.0036	0.1128	0.0424	0.0601	**-0.0476**	0.5510

R= 0.5710

Apêndice VI

Matriz dos coeficientes de caminho (Indireto/Direto) que mostra o efeito das variáveis independentes na mudança sócio-técnica-económica dos agricultores tribais

	Xi	x_2	X_3	X_4	X_5	X_6	x_7	x_8	X9	Xю	Xu	x_{12}	Corr. Com Y
Xi	**0.0716**	-0.0362	0.2006	-0.3851	-0.0012	0.0072	0.0002	-0.0063	-0.0135	-0.0260	-0.0324	-0.0598	-0.2808
x_2	-0.0139	**0.1860**	-0.0575	0.0692	0.0056	-0.0198	-00029	-0.0029	0.0051	0.0023	0.0115	0.0184	0.2010
X_3	-0.0122	0.0091	**-1.1808**	1.0001	-0.0062	-0.0028	0.0110	0.0046	0.0094	0.0028	0.0169	0.0283	-0.1198
X_4	-0.0241	0.0113	-1.0349	**1.1411**	-0.0042	0.0051	0.0144	0.0006	0.0144	0.0227	0.0361	0.0428	0.2254
X_5	-0.0030	0.0367	0.02603	-0.1685	**0.0282**	-0.0164	-0.0034	0.0036	0.0012	0.0029	-0.0118	-0.0109	0.1189
X_6	-0.0045	0.0320	-0.0290	-0.0501	0.0040	**-0.1153**	-0.0046	-0.0007	0.0000	-0.0007	-0.0085	-0.0122	-0.1895
X_7	0.0003	-0.0101	-0.2402	0.3056	-0.0018	0.0099	**0.0539**	-0.0035	0.0017	-0.0057	0.0060	-0.0091	0.1071
x_8	0.0108	0.0130	0.1321	-0.0177	-0.0024	-0.0020	0.0045	**-0.0415**	-0.0012	0.0285	0.0171	-0.0044	0.1366
X9	-0.0314	0.0309	-0.3606	0.5342	-0.0011	-0.0001	0.0030	0.0016	**0.0308**	0.0384	0.0358	0.0555	0.3391
Xю	-0.0144	0.0033	-0.0257	0.2005	0.0006	0.0006	-0.0024	-0.0091	0.0091	**0.1293**	0.0549	0.0302	0.3770
Xu	-0.0207	0.0190	-0.1781	0.3678	-0.0030	0.0087	0.0029	-0.0063	0.0098	0.0633	**0.1122**	0.0403	0.4158
X12	-0.0431	0.0346	-0.3364	0.4920	-0.0031	0.0141	-0.0049	0.0018	0.0172	0.0394	0.0455	**0.0993**	0.3563

R= 0.6461

APÊNDICE-III

			Método de cálculo dos valores da escala com base nas classificações atribuídas por 70 juízes às componentes														Os componentes da escala com o valor da escala			
Classificação Л	Valores de classificação Ri	DECLARAÇÕES												Total	P	c	Sr. Não.	Declaração	Escala Valor	Classificação
		A	B	C	D	E	F	G	H	I	J	K	L	M						
1.	13	8	7	7	10	2	9	3	5	6	1	7	1	4	70	96.15	9	1.	Inovação	6.52	I
2.	12	13	9	9	2	6	1	3	4	8	5	5	4	1	70	88.46	8	2.	Cosmopolitismo	6.45	II
3.	11	7	6	12	3	3	9	8	1	4	4	4	7	2	70	80.76	7	3.	Grau de utilização dos meios de comunicação social	6.18	III
4.	10	4	10	5	7	1	8	8	9	2	3	3	3	7	70	73.07	6	4.	Padrão de cultivo	5.24	IV
5.	9	6	7	3	4	12	5	8	6	4	2	7	2	4	70	65.38	6	5.	Seleção de sementes	5.07	V
6.	8	3	9	1	9	1	4	7	8	2	6	5	9	6	70	57.69	5	6.	Comercialização de produtos agrícolas e quotidianos	4.7	VI
7.	7	6	4	7	8	9	3	1	5	6	8	4	4	5	70	50.00	5	7.	Adoção do sistema de micro irrigação	4.6	VII
8.	6	4	3	3	3	13	4	6	5	3	7	2	10	7	70	42.30	5	8.	Máquinas e alfaias modem disponíveis	4.26	VIII
9.	5	1	5	4	5	9	3	4	2	11	9	6	7	4	70	34.61	4	9.	Adoção de uma gestão integrada dos nutrientes	4.16	IX
10.	4	7	2	5	6	6	1	7	5	3	10	3	8	7	70	26.92	4	10.	Armazém	4	X
11.	3	2	1	7	4	5	6	5	7	4	9	8	3	9	70	19.23	3	11.	Utilização de fertilizantes orgânicos	3.83	XI
12.	2	5	5	6	6	1	9	6	9	10	1	5	2	5	70	11.53	2	12.	Adoção de medidas fitossanitárias	3.69	XII
13.	1	4	2	1	3	2	8	4	4	7	5	11	10	9	70	03.84	1	13.	Adoção de práticas diárias melhoradas	3.22	XIII
Lfii		70	70	70	70	70	70	70	70	70	70	70	70	70	910	II II CJI CJI = 3					
Ficheiro L		402	400	392	364	359	345	348	335	332	322	327	318	304	4548						
MC = R|		5.74	5.71	5.6	5.2	5.12	4.92	4.97	4.78	4.74	4.6	4.67	4.54	4.34	64.97						
RC* =		6.52	6.45	6.18	5.24	5.07	4.60	4.70	4.26	4.16	3.83	4.00	3.69	3.22	62.00						

RC = 2,357 R| 7,01

Ri = (n-ri+1) Valores da classificação (na ordem inversa da classificação, *ou seja, a* classificação um recebe treze, a classificação dois recebe doze e a classificação treze recebe um)

P= Valor de centil

N= Número de variáveis classificadas.

a dedução de 0,5 do valor da classificação é simplesmente para obter o meio da área para as coisas assim classificadas

C = Valores determinados para cada valor de centil (P)

fa = Número total de juízes que classificaram treze componentes

fnc = Ca ou CE (soma do múltiplo do valor da ordem de cada afirmação com Valor C)

$MC = RJ = f_{llc} / f_H$

Rc = (Valor da escala) = 2,357 Rj-7,01

APÊNDICE - I

UMA ESCALA PARA MEDIR A MODERNIZAÇÃO AGRÍCOLA DOS AGRICULTORES TRIBAIS

Os indicadores de modernização agrícola dos agricultores tribais são os seguintes. Indique a pertinência de cada indicador, assinalando com um (V) a coluna adequada, e classifique-os de acordo com a sua importância para medir a modernização agrícola dos agricultores tribais.

Solicita-se igualmente que sugira qualquer outro elemento adequado, que considere poder ser incluído como componente da modernização agrícola dos agricultores tribais.

Sr. Não.	Artigo	Relevante	Não relevante	Classificação
1	Inovação			
2	Cosmopolitismo			
3	Grau de utilização dos meios de comunicação social			
4	Fonte de informação utilizada			
5	Grau de utilização das tecnologias da informação e da comunicação			
6	Máquinas e alfaias modernas disponíveis			
7	Adoção de práticas leiteiras melhoradas			
8	Armazém			
9	Padrão de cultivo			
10	Utilização de fertilizantes orgânicos			
11	Seleção de sementes			
12	Adoção do sistema de micro irrigação			
13	Adoção da gestão integrada dos nutrientes			
14	Adoção de medidas fitossanitárias			
15	Passos seguidos para as perdas pós-colheita			
16	Acréscimo de valor			
17	Comercialização de produtos agrícolas e lácteos			
Qualquer outro elemento pertinente				
18				
19				
20				
21				

APÊNDICE - II

RELEVÂNCIA DO PRINCIPAL INDICADOR DE MODERNIZAÇÃO AGRÍCOLA DOS AGRICULTORES TRIBAIS

Sr. Não.	Indicador principal	Percentagem de relevância
1.	Inovação	92.85
2.	Cosmopolitismo	94.28
3.	Grau de utilização dos meios de comunicação social	91.42
4.	Fonte de informação utilizada	65.71
5.	Grau de utilização das tecnologias da informação e da comunicação	71.42
6.	Máquinas e alfaias modernas disponíveis	88.57
7.	Adoção de práticas leiteiras melhoradas	82.85
8.	Armazém	78.57
9.	Padrão de cultivo	91.42
10.	Utilização de fertilizantes orgânicos	84.28
11.	Seleção de sementes	85.71
12.	Adoção do sistema de micro irrigação	82.85
13.	Adoção da gestão integrada de nutrientes	77.14
14.	Adoção de medidas fitossanitárias	81.42
15.	Passos seguidos para evitar perdas pós-colheita	67.14
16.	Acréscimo de valor	64.28
17.	Comercialização de produtos agrícolas e lácteos	88.57

* Menos de 75 por cento da relevância dos juízes foi considerada não relevante, pelo que foi eliminada.

A fórmula seguinte foi utilizada para conhecer a relevância de cada indicador.

Apêndice-III Cont....

$$P = \frac{(Ri - 0.5)\ 100}{n}, \qquad n = 13$$

$$= \frac{(13 - 0.5)\ 100}{13}$$

$$= 12.5 \times 100 / 13$$

$$= 96.15$$

Onde,

A = Capacidade de inovação

B = Cosmoeducação

C = Grau de utilização dos meios de comunicação social

D = Padrão de cultivo

E = Seleção de sementes
F = Adoção do sistema de micro irrigação
G = Comercialização de produtos agrícolas e lácteos
H = Máquinas e utensílios modernos disponíveis
I = Adoção da gestão integrada dos nutrientes
J= Utilização de fertilizantes orgânicos
K= Instalação de armazenamento
L = Adoção de medidas fitossanitárias
M = Adoção de práticas leiteiras melhoradas
r_i = Classificações atribuídas pelos juízes a treze componentes

<u>APÊNDICE - IV</u>

UMA ANÁLISE DO IMPACTO DA MODERNIZAÇÃO DO CAMPESINATO NA AGRICULTURA NO ÂMBITO DO PROJECTO DE DESENVOLVIMENTO TRIBAL INTEGRADO DE DISTRITO DE SABARKANTHA"

PARTE I

Horário da entrevista N.º: **Data:**

Nome do inquirido:

Aldeia: **Taluka:** **Distrito:**

1. Idade: ano

2. Qualificações académicas

N.º Sr.	Nível de educação	Assinalar (^)
1	Analfabeto	
2	Alfabetização funcional (sabe ler e escrever)	
3	Escola primária	
4	Ensino médio	
5	Ensino secundário	
6	Faculdade/ Pós-graduação	

3. **Exploração agrícola:** **ha**
4. **Rendimento anual:** Rs
5. **Hábito de migração**

Migrou da sua aldeia durante os últimos três anos? Sim / Não

Em caso afirmativo, quantos membros da família emigraram?

Por quantos períodos num ano?

6. Participação social:

É membro de alguma organização social? Sim/Não: ( )

Em caso afirmativo, indicar os seguintes dados.

Sr. Não.	Nome da organização	Associação	Posição
[A] A nível da aldeia			
1.	Panchayat da aldeia		
2.	Sociedade Cooperativa de Leite		
3.	Sociedade Cooperativa de Compra e Venda		
4.	Sociedade de Crédito Cooperativo		
5.	Clubes de mulheres/Mahila Mandal		
6.	Grupos de interesse dos agricultores		
7.	Clube de jovens		
8.	Grupo da escola de agricultores		
[B] Fora do nível da aldeia			
1.	Empresa de Fertilizantes		
2.	Sindicato dos Bancos Cooperativos		
3.	Federação dos produtores de sementes oleaginosas		
4.	Taluka Panchayat		
5.	Distrito Panchayat		
6.	Comité do Mercado dos Produtos Agrícolas		

7. Fontes de informação

Sr. Não	Nome da fonte	Sempre	Por vezes	Nunca
1	Vizinho			
2	Amigos			
3	Familiares			
4	Líderes locais			
5	Rádio			
6	Televisão			
7	Jornais de notícias			
8	Centro de Investigação de Krushi Vigyan			
9	Cientistas universitários			
10	Trabalhador ao nível da aldeia			
11	Responsável pelo desenvolvimento distrital			
12	Diretor do Departamento de Horticultura			
13	Diretor do Departamento de Husbundário Animal			
14	Agricultores progressistas			
15	Literatura agrícola			

8. Nível de aspiração

Está a ver a imagem de uma escada com 10 degraus. Suponhamos que o topo da escada representa a melhor vida possível para si e a base representa a pior vida possível para si.

Aspiração elevada

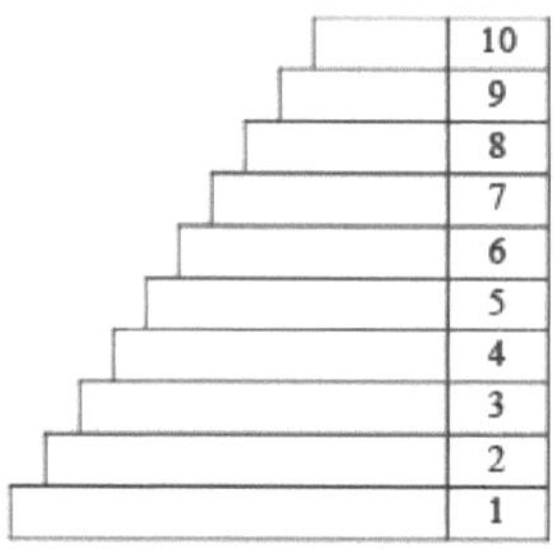

Baixa aspiração

a. Em que ponto da escada se encontra atualmente, a nível pessoal? Degrau No ____

b. Em que ponto da escada se sente pessoalmente, há cinco anos atrás? Degrau No ____

c. Onde pensas que estarás daqui a cinco anos? Passo No ____

Indique a sua concordância/discordância relativamente a cada uma das seguintes afirmações. (Assinale)

Sr. Não	Declaração	SA	A	UD	D	SD
1	Um camponês deve trabalhar para obter maiores rendimentos e lucros económicos. (+)					
2	O camponês mais bem sucedido é aquele que obtém o máximo de lucro. (+)					
3	Um camponês deve experimentar qualquer nova ideia agrícola que					

	lhe permita ganhar mais dinheiro. (+)					
4	Um camponês deve cultivar culturas de rendimento para aumentar os lucros monetários em comparação com o cultivo de culturas alimentares para consumo doméstico					
	consumo. (+)					
5	É difícil para os filhos do camponês terem um bom começo se ele não lhes der assistência económica. (+)					
6	Um camponês tem de ganhar a vida, mas o mais importante da vida não pode ser definido em termos económicos. (+)					

SA= Concordo fortemente D=Discordo A= Concordo SD=Discordo fortemente D=Indeciso

10. Orientação para o risco:

Indique a sua concordância/discordância em relação a cada uma das seguintes declarações de dívida. (Por favor questões)

Sr. Não.	Declaração	SA	A	UD	D	SD
1	Um camponês deve cultivar um grande número de culturas para evitar o maior risco de cultivar uma ou duas culturas. (+)					
2	Um camponês deve preferir correr mais riscos para obter um grande lucro do que contentar-se com lucros mais pequenos mas menos arriscados. (+)					
3	Um camponês que esteja disposto a correr mais riscos do que a média dos camponeses tem geralmente melhores resultados financeiros. (+)					
4	É bom para o camponês correr riscos quando sabe que as suas hipóteses de sucesso são bastante elevadas. (+)					
5	É preferível que o camponês não experimente novos métodos de cultivo, a menos que a maioria dos outros camponeses os tenha utilizado com êxito. (-)					
6	Experimentar um método inteiramente novo por camponeses envolve riscos, mas vale a pena corrê-los. (+)					

11. Orientação científica:

Indique a sua concordância/discordância relativamente a cada uma das seguintes afirmações. (Assinale)

S.N	Declaração	SA	A	UD	DA	SD
1	Os novos métodos de cultivo dão melhores resultados do que o método antigo. (+)					
2	Mesmo um camponês com muita experiência deve utilizar novos métodos de cultivo. (+)					
3	Embora seja necessário algum tempo para que um camponês aprenda novos métodos agrícolas, os esforços valem a pena. (+)					
4	Os métodos tradicionais de agricultura têm de ser alterados para aumentar o nível de vida dos camponeses. (+)					
5	Um bom camponês experimenta novas ideias na agricultura. (+)					
6	A forma como os antepassados de um camponês trabalhavam na agricultura continua a ser a melhor forma de trabalhar atualmente. (-)					

12. Atitude dos agricultores em relação ao Programa Integrado de Desenvolvimento Tribal

Indique a sua concordância/discordância relativamente a cada uma das seguintes afirmações. (Assinale)

N.º	Declaração	SA	A	UD	DA	SD

Sr.						
1.	O ITDP é uma abordagem prática bem pensada para o desenvolvimento dos agricultores tribais.					
2.	O IPDP provoca fricções e conflitos entre os agricultores tribais.					
3.	Graças ao ITDP, o nível de rendimento dos agricultores tribais aumentou consideravelmente.					
4.	Motivos do ITDP e incentivo aos agricultores tribais para participarem nos assuntos comunitários.					
5.	O ITDP ajuda os agricultores tribais a desenvolver a liderança na gestão das actividades de desenvolvimento.					
6.	A consciência, o sentimento de "nós" e a apropriação foram desenvolvidos entre os agricultores tribais graças ao ITDP.					
7.	Os conhecimentos sobre as tecnologias agrícolas modernas aumentaram graças ao ITDP.					
8.	A adoção de práticas agrícolas modernas aumentou devido ao ITDP.					
9.	Os titulares de cargos no ITDP não trabalham de forma eficiente.					
10.	A eficiência do trabalho é a marca registada do ITDP.					
11.	O ITDP tem uma boa ligação com os departamentos de desenvolvimento (ONG/sector privado)					
12.	Considero que o ITDP está orientado para as castas, pelo que não gosto.					
13.	Penso que o ITDP ajuda a proporcionar meios de subsistência sustentáveis.					
14.	Considero que o ITDP é um desperdício de dinheiro					

PARTE II
MODERNIZAÇÃO AGRÍCOLA DOS AGRICULTORES TRIBAIS
ÍNDICE DE MODERNIZAÇÃO DA AGRICULTURA

N.º Sr.		Indicadores para a modernização da agricultura	Pontuação	Sim / Não
(I) Capacidade de inovação (Pontuação máxima: 8)				
	(a)	Quer aprender novas formas de melhorar a tecnologia agrícola?	(1)	
	(b)	Se o extensionista der uma palestra sobre uma tecnologia agrícola melhorada, participaria?	(1)	
	(c)	Se o Governo vos ajudasse a introduzir novas culturas, estariam dispostos a fazê-lo?	(1)	
	(d)	Deseja uma mudança no seu modo de vida?	(1)	
	(e)	Tentarei fazer as coisas como os meus pais fizeram.	(1)	
	(f)	Queres que o teu filho seja agricultor?	(1)	
	(g)	É melhor aproveitar o dia de hoje e deixar que o dia de amanhã se encarregue de si próprio.	(1)	
	(h)	A fortuna de um homem está na sua própria mão.	(1)	
(II) Cosmopolitismo (Pontuação máxima : 5)				
	(A)	**Frequência da visita**		
	(a)	Ocasionalmente	(1)	
	(b)	Uma vez por mês	(2)	
	(c)	Uma vez por quinzena	(3)	
	(d)	Uma vez por semana	(4)	
	(e)	Duas ou mais vezes por semana	(5)	
	(B)	**Objetivo da visita**	(Pontuação máxima : 5)	

	(a)	A maioria das visitas diz respeito à agricultura e actividades conexas	(5)	
	(b)	Alguns relacionados com a agricultura e actividades conexas	(4)	
	(c)	Pessoal doméstico e de lazer	(3)	
	(d)	Casual	(2)	
	(e)	Sem resposta	(1)	
(III) Grau de utilização dos meios de comunicação social (Pontuação máxima: 7)				
	(a)	Jornal de notícias	(1)	
	(b)	Revista agrícola	(1)	
	(c)	Rádio	(1)	
	(d)	Televisão	(1)	
	(e)	Exposição agrícola	(1)	
	(f)	Krushi Mela	(1)	
	(g)	Outros	(1)	
(IV) Padrão de cultivo (M			Pontuação máxima : 15)	
	(a)	Culturas arvenses normais	(1)	
	(b)	Agricultura mista	(2)	
	(c)	Horticultura	(3)	
	(d)	Agro-silvicultura	(4)	
	(e)	Cultivo protegido	(5)	
(V) Sementes	seleção (Pontuação máxima : 6)			
	(A)	Tipo de sementes		
	(a)	Utilização de sementes melhoradas	(1)	
	(b)	Utilização de sementes certificadas	(2)	
	(c)	Utilização de sementes de fundação / reprodutoras para o programa de produção de sementes	(3)	
	(B)	Origem das sementes	(Pontuação máxima : 5)	
	(a)	Produtor local de sementes	(1)	
	(b)	Empresas privadas de sementes	(2)	
	(c)	Governo Exploração de sementes	(3)	
	(d)	Corporação de sementes do estado de Gujarat	(4)	
	(e)	Universidade Agrícola	(5)	
(V I) Ado	)ção de sistemas de micro irrigação (Pontuação máxima : 6)			
	(a)	Apenas método de irrigação de superfície	(1)	
	(b)	Aspersão + Método de superfície	(2)	
	(c)	Método de gotejamento + superfície	(3)	
	(d)	Conjunto único de aspersores	(4)	
	(e)	Apenas conjunto de irrigação por gotejamento	(5)	
	(f)	Método de aspersão + gotejamento	(6)	
(VI I) Comercialização de produtos agrícolas e lácteos				
			(Pontuação máxima : 28)	

	(a)	Nenhuma facilidade	(0)	
	(b)	Por caminho de ferro	(1)	
	(c)	Por autocarros de transporte público	(2)	
	(d)	Por carrinho de camelo	(3)	
	(e)	Em veículos privados de aluguer	(4)	
	(f)	Em veículos próprios (Scooter /Motociclo)	(5)	
	(g)	Com trator / reboque próprio	(6)	
	(h)	Em veículos próprios (Jeep / Tempo)	(7)	
(VIII) Máquinas e utensílios modernos disponíveis (Pontuação máxima : 46)				
	(a)	Foice melhorada	(1)	
	(b)	Ventilador de ceifa	(1)	
	(c)	Motor a óleo	(1)	
	(d)	Espanador	(1)	
	(d)	Motor elétrico	(2)	
	(i)	Cultivador	(2)	
	(j)	Bund antigo	(2)	
	(f)	Pulverizador de pistola	(3)	
	(g)	Mini Trator	(3)	
	(k)	Arado	(3)	
	(l)	Grade de discos	(3)	
	(m)	Semeador de fertilizantes	(4)	
	(h)	Trator	(5)	
	(n)	Debulhador	(6)	
	(o)	Rotavador	(7)	
(IX) Âmbito de aplicação		pção de INM (Pontuação máxima : 14)		
	(a)	Ureia	(1)	
	(b)	DAP	(1)	
	(c)	NPK	(2)	
	(d)	Muirato de potássio	(2)	
	(e)	Sulfato de amónio	(2)	
	(f)	Superfosfato simples	(2)	
	(g)	Sulfato de zinco	(2)	
	(h)	Fertilizantes líquidos	(2)	
(X) Utilização de fertilizantes orgânicos (Pontuação máxima: 15)				
	(a)	FYM	(1)	
	(b)	Bolos diversos	(2)	
	(b)	Utilização de várias culturas bacterianas	(3)	
	(c)	Adubação verde	(4)	
	(d)	Vermicomposto	(5)	
(XI) Armazém (Pontuação máxima: 10)				
	(a)	Não há instalações de armazenamento	(0)	
	(b)	Caixas de arrumação metálicas	(1)	
	(c)	Armazenagem separada de kuchha	(2)	
	(d)	Armazém de pucca separado	(3)	

	(e)	Associação de instalações frigoríficas (armazenagem de produtos hortícolas)	(4)	
(XII) Prolongamento da adoção de medidas fitossanitárias			(Pontuação máxima: 6)	
	(a)	Utilização de pesticidas / insecticidas	(1)	
	(b)	Utilização de fungicidas	(1)	
	(c)	Tratamento de sementes	(2)	
	(d)	Adoção da gestão integrada das pragas	(2)	
(XIII) Adoção de práticas leiteiras melhoradas				
(1)		Utilização de alimentos e forragens melhorados	(Pontuação máxima : 15)	
	(a)	Palha de sorgo	(1)	
	(b)	Chicori	(2)	
	(c)	Lucerna	(3)	
	(d)	Palha de trigo com tratamento	(4)	
	(e)	Utilização de misturas minerais	(5)	
(2)		Estruturas pecuárias	(Pontuação máxima : 21)	
	(a)	Barracão de gado de Kuccha	(1)	
	(b)	Pavilhão de gado de Pucca	(2)	
	(b)	Pavilhão de alimentação	(3)	
	(c)	Pavilhão de ordenha	(4)	
	(d)	Máquina de ordenha	(5)	
	(e)	Fosso do silo	(6)	

PARTE-III

Mudança sócio-técnica-económica:

1. Alteração da maquinaria e dos utensílios agrícolas baseados na tecnologia moderna.

Indique, por favor, quais das seguintes máquinas ou instrumentos adquiriu nos últimos 5 anos.

Item	Não	Pontuação para um item	Total pontuação	Item	Não	Pontuação para um item	Total Pontuação
Trator		10		Enxada de ferro		3	
Carrinho		7		Semeador		3	
Cultivador		4		Semeador múltiplo		4	
Debulhador (Poder)		6		Pulverizador		3	
Bomba submersível		6		Espanador		2	
Motor elétrico		5		Cortador de palha		1	
Motor a óleo		5		Carro de bois		2	
Arado de ferro		4					

2. Alteração dos artigos de uso doméstico:

Por favor, indique quais dos seguintes artigos comprou nos últimos 5 anos.

Artigo	Não	Pontuação para um item	Total pontuação	Item	Não	Pontuação para um item	Total Pontuação
Ciclo		1		Cadeira		1	

Scooter/motociclo		6		Armário de aço		3	
TV (P&B)		4		Máquina de costura		3	
TV (a cores)		6		Ventoinha eléctrica		2	
Rádio		2		Armário de madeira		2	
Gravador de cassetes		3		Ver		1	
Frigorífico		4		Fogão		1	
Mesa de ferro		2		Ligação de gás		1	

3. Variação da poupança e do investimento nos últimos 5 anos.

Sr. Não.	Declaração	Sim/Não 1/0
1	Abriu uma conta num banco/posto?	
2	Comprou certificados de aforro?	
3	Comprou acções de alguma empresa ou organização?	
4	Fez um seguro para os seus animais?	
5	Fez um seguro para si ou para os seus familiares?	
6	Fez um seguro para as suas culturas?	
7	Começou algum novo negócio paralelo?	
8	Instalaram alguma instalação de gás gobar?	

4. C lteração dos hábitos alimentares nos últimos 5 anos.

Sr. Não.	Declaração	Sim/Não 1/0
1	O consumo de trigo aumentou em quantidade	
2	O consumo de arroz aumentou em quantidade	
3	O consumo de leite aumentou em quantidade	
4	O consumo de óleo vegetal aumentou em quantidade	
5	O consumo de ghee puro aumentou em quantidade	
6	O consumo de produtos hortícolas aumentou em quantidade	
7	O consumo de açúcar aumentou em quantidade	
8	O consumo de frutas aumentou em quantidade	
9	Aumento das despesas com alimentação nas festas	

5. Mudança de vestuário nos últimos 5 anos.

Sr. Não.	Declaração	Sim/Não 1/0
1	O número de peças de vestuário por pessoa aumentou na sua família	
2	Os membros da sua família preferem fibras sintéticas a roupas de algodão	
3	Os membros da geração mais jovem da sua família preferem vestidos ocidentais	
4	O número de ornamentos na sua família aumentou	

Sr. Não	Declaração	Sim/Não 1/0

1	A sua casa tradicional é reparada e mantida todos os anos?	
2	A sua residência familiar foi concebida para um arejamento adequado?	
3	Construiu a sua residência sem qualquer ajuda financeira do Estado ou de terceiros?	
4	A sua residência familiar foi construída em casa de pucca em vez de Kachha?	
5	Tem branqueado a sua casa todos os anos?	

7. Mudança de estatuto social nos últimos 5 anos.

Sr. Não.	Declaração	Sim/Não 1/0
1	É respeitado pelos membros da sua aldeia?	
2	É convidado pelos membros da sua aldeia para qualquer boa ocasião ou cerimónia?	
3	É bem tratado pelos outros?	
4	São chamados a resolver eventuais conflitos comunitários?	
5	É a pessoa mais influente na política rural?	
6	As pessoas procuram-no para pedir conselhos?	
7	É o chefe da aldeia?	
8	É líder de casta ou chefe religioso?	
9	É membro do conselho da aldeia?	

8. Mudança na relação social nos últimos 5 anos.

Sr. Não.	Declaração	Fechar **2**	Um pouco perto **1**	De modo algum **0**
1	Que tipo de contacto tem com os seus vizinhos?			
2	Como descreve as relações entre si e os habitantes da sua aldeia?			
3	Como descreve as suas relações com os seus familiares?			
4	Como descreve as suas relações com os dirigentes locais?			

9. C lteração da autossuficiência nos últimos 5 anos.

Sr. Não.	Declaração	Sim/Não 1/0
1	Pode satisfazer as suas necessidades?	
2	Não precisa de pedir emprestado?	
3	Conseguem educar os vossos filhos sem a ajuda de outros?	
4	Tem dinheiro suficiente para alimentar a sua família?	
5	Mantém um nível de vida elevado?	
6	Pode organizar o casamento dos seus filhos sem a ajuda económica de terceiros?	

Sr. Não.	Declaração	Sim/Não 1/0
1	Utilização de sementes melhoradas/híbridas	
2	Tratamento de sementes	

3	Dose recomendada de fertilizantes	
4	Espaçamento recomendado	
5	Utilização recomendada de inseticida	
6	Utilização recomendada de herbicida	
7	Sistema de irrigação por gotejamento/aspersão	
8	Utilização do trator	
9	Adoção da gestão integrada das pragas	
10	Adoção da gestão integrada de nutrientes	
11	Adoção de raças de animais de qualidade	
12	Utilização de inseminação artificial	
13	Adoção da vacinação	
14	Utilização de uma tesoura de podar	
15	Utilização de alimentos nutritivos para animais	
16	Utilização de misturas minerais para animais	
17	Adoção do valor acrescentado	
18	Manter espaço suficiente para os animais	

PARTE-IV

l. Queira mencionar as dificuldades com que se depara para obter benefícios no âmbito do projeto de desenvolvimento tribal integrado.

1
2
3
4
5
6
7
8

m. Dê as suas sugestões para ultrapassar os obstáculos com que se depara para obter benefícios no âmbito do Projeto Integrado de Desenvolvimento Tribal.

1
2
3
4
5
6
7

MIX
Papier aus verantwortungsvollen Quellen
Paper from responsible sources
FSC® C105338

Printed by Books on Demand GmbH, Norderstedt / Germany